越玩越聪明的
速算技巧

晨宇 编著

清华大学出版社
北京

内 容 简 介

学习速算，不仅仅是强化加减乘除四则运算，以及乘方、开方、分数、方程式、方程组的简单计算法；其还可以在很大程度上帮助学生轻松驾驭数学，建立强大的数学自信心，开阔思路，扩展思维，让头脑更加灵活，让大脑更加聪明。

本书作为一本为中小学生量身定制的神奇数学魔法书，详细地介绍了九大类 100 余种常用的数学速算、巧算方法，以及近 60 个常见数学题型的解题技巧，并用实例介绍了这些方法和技巧的应用。保证你一看就懂，一学就会。让你不禁感慨："如此神奇的算法，为啥数学老师没有教给我！"

这本书改变的不仅仅是孩子们的数学成绩，更是他们的思维方式。让你的孩子一开始就站在不一样的起点上！

图书在版编目(CIP)数据

越玩越聪明的速算技巧/晨宇编著. —北京：清华大学出版社，2021.6
ISBN 978-7-302-57268-8

Ⅰ．①越… Ⅱ．①晨… Ⅲ．①速算—青少年读物 Ⅳ．①O121.4-49

中国版本图书馆 CIP 数据核字(2021)第 004994 号

责任编辑：张　瑜
装帧设计：杨玉兰
责任校对：周剑云
责任印制：杨　艳

出版发行：清华大学出版社
　　　　　网　　址：http://www.tup.com.cn, http://www.wqbook.com
　　　　　地　　址：北京清华大学学研大厦 A 座　　　　邮　　编：100084
　　　　　社 总 机：010-62770175　　　　　　　　　　邮　　购：010-62786544
　　　　　投稿与读者服务：010-62776969, c-service@tup.tsinghua.edu.cn
　　　　　质量反馈：010-62772015, zhiliang@tup.tsinghua.edu.cn

印 装 者：天津鑫丰华印务有限公司
经　　销：全国新华书店
开　　本：170mm×240mm　　印　　张：13.25　　字　　数：207 千字
版　　次：2021 年 8 月第 1 版　　　　　　　印　　次：2021 年 8 月第 1 次印刷
定　　价：49.00 元

产品编号：065358-01

前　言

　　计算在我们的日常学习、生活和工作中都有着极为广泛的应用。从我们进入学校开始，计算便贯穿数学教学的全过程。计算能力是每个人都要具备的基本能力，也是学好数学和其他学科的基础和关键。

　　所谓计算能力，就是指数学上的化归和转化的能力，即把抽象的、复杂的数学表达式或数字通过数学方法转换为我们可以理解的数学式子，并得出结果的能力。这就要求我们不仅能够正确地进行整数、小数、分数等的四则运算，还要对其中一些基本的计算达到一定的熟练程度，并掌握一些基本的方法和技巧，逐步做到计算方法合理、准确、快速、灵活。

　　所以，我们不能"死"做题，要注意总结归纳。发现各种题目的特点、差别，相应地运用不同的方法和技巧进行速算和巧算。

　　速算与巧算是利用数与数之间的特殊关系进行较快的加减乘除运算。它可以不借助任何计算工具，而是运用一种思维、一种方法，快速准确地进行加、减、乘、除、乘方等运算。

　　众所周知，在美国科技高地硅谷，大量从事 IT 业的工程师都来自印度。他们最大的优势就是数学比别人好，这一切都得益于他们独特的数学教育法。印度数学里的计算方法与我们所学习的有很多不同之处。其中最有特色的就是其速算和巧算。

　　这些速算与巧算的方法可以比我们一般的计算方法快 10～15 倍，学会了这些能够在几秒钟内口算或心算出三四位数的复杂运算。而且这些方法简单直接，即使是没有数学基础的人也能很快地掌握。同时这些方法还非常有趣，运算过程就像游戏一样令人着迷。

　　比如，计算 25×25，用我们今天的算法，无非是列出竖式逐位相乘，然后相加。但是用这种方法来计算的话，就非常简单了，只需看这个数的十位数字，是 2，那么用 2 乘以比它大 1 的数字 3，得到 6，在它的后面加上 25，即 625 就是 25×25 的结果了。怎么样，是不是很神奇呢？这种方法对个位数是 5 的相同两位数相乘都是适用的，大家不妨验算一下。

　　本书汇集了全世界(包括印度数学和我国古代和现代数学在内)几乎所有中小学生常用的速算、巧算技巧和方法。这些影响了世界几千年的速算秘诀，不仅可以强化孩子的运算能力，还能改变他们的思维方式，让你的孩子从一开始就站在更高的起点上。

　　这些巧妙的方法和技巧灵活多样、不拘一格，一道题通常可以有两三种完全不同的算法。而且这些解题方式有别于我们传统的数学方法，总是窍门多多，方法神奇，更简单、更快捷、更有技巧性。不但可以提高孩子们学习数学的兴趣，而且大大提升了他们计算的速度和准确性，并且还训练了人们超强的逻辑思维能力，使他们能够在今后的工作和生活中更加出类拔萃！

中小学学生学习速算的 5 个理由：

(1) 提高运算速度，节省运算时间，提高学习效率。

(2) 提高运算的准确率，提高成绩。

(3) 掌握数学运算的速算思想，探求数字中的规律，发现数字的美妙。

(4) 学习速算可以提高大脑的思维能力、快速反应能力、准确记忆能力。

(5) 培养创新意识，养成创新习惯。

本书并非只适合孩子，同样适合想改变和训练思维方式的成年人。对孩子来说，它可以提高他们对数学的兴趣，使其爱上数学、爱上动脑；对学生来说，它可以提高计算的速度和准确性，提高学习成绩；对成年人来说，它可以改变人们的思维方式，让人们在工作和生活中出类拔萃、与众不同。

快让我们一起进入数学速算的奇妙世界，学习如魔法般神奇的速算法吧！

编　者

目　　录

越玩越聪明的
速算技巧

第一部分

速算技巧

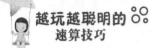
1. 加法问题

▶ 用凑整法做加法

方法:

(1) 在两个加数中选择一个数,加上或减去一个数,使它变成一个末尾是 0 的数。

(2) 同时在另一个数中,相应地减去或加上这个数。

口诀:一边加,一边减。

例子:

计算 2991+1452=_____

2991 差 9 到 3000

$$2991+1452=(2991+9)+(1452-9)$$
$$=3000+1443$$
$$=4443$$

所以 2991+1452=4443

注意:

两个加数要一边加、一边减,才能保证结果不变。

▶ 巧用补数做加法

若两数之和是 10、100、1000、…、10^n(n 是正整数),那么这两个数就互为补数。例如,4 和 6、88 和 12、455 和 545 等就互为补数。而广义上来讲,假定 M 为模,若数 a 和 b 满足 $a+b=M$,则称 a、b 互为补数。简单来说,补数是一个数为了成为某个标准数而需要加的数。在数学速算中,经常会用到的有两种补数:一种是与其相加得该位上最大数(9)的数,称为 9 补数;另一种是与其相加能进到下一位的数,称为 10 补数。

补数法是从凑整法发展出来的,也算作凑整法的一种特例。

方法:

(1) 在两个加数中选择一个数,写成整十数或者整百数减去一个补数的形式。

(2) 将整十数或者整百数与另一个加数相加。

(3) 减去补数即可。

口诀：加大减差。

例子：

计算 89+53=_____

89 的补数为 11

$$89+53=(100-11)+53$$
$$=100+53-11$$
$$=153-11$$
$$=142$$

所以 89+53=142

注意：

(1) 这种方法适用于其中一个加数加上一个比较小的、容易计算的补数后可以变为整十数或者整百数的题目。

(2) 做加法一般用的是与其相加能进到下一位的补数，而另外一种补数，也就是与其相加能够得到该位上最大数的补数，以后我们会学到。

▶ **用基准数法算连加法**

基准数就是选一个数作为标准，方便其他的数和它比较。通常选取一组数据中最大值和最小值中间的某个比较整的数。

基准数法多用于一组比较接近的数的求和或求平均值，也可用于接近整十整百的数的乘法和乘方的速算。

基准数法用于求和的基本公式：

(1) 和=基准数×个数+浮动值

(2) 平均数=基准数+浮动值÷个数

许多数相加，尤其是在统计数据时，如果这些数都接近一个数，我们可以把这个数确定为一个基准数，以这个数为"代表"，乘加数的个数，再将其他的数与这个数进行比较，加上多出的部分，减去不足的部分。这样就可以使计算过程大大地简便。

方法：

(1) 观察各个加数，从中选择一个适当的中间数作为基准数。

(2) 通过对其他各个数的"割""补"，使之变成基准数加上或减去一个很小的数的形式，采用"以乘代加"和化大数为小数的方法进行速算。

例子：

计算 87+98+86+97+90+88+99+93+91+87=_____

原式=90×10-3+8-4+7-2+9+3+1-3

　　=90×10+16

　　=916

所以 87+98+86+97+90+88+99+93+91+87=916

▶ **用拆分法算加法 1**

数的拆分是解决一些分段数学问题的有效方法，一般可以把一个数拆分成几个数的和或者积的形式。我们可以根据数字的性质，尤其是整除特性和尾数规律，运用我们学过的运算定律，有目的地对数字进行快速拆分，以达到比采用常规的列方程、十字交叉和代入排除等方法省时省力的目的。数的拆分和转化可以将数量的间接联系转化为直接联系，进而能够利用已知条件进行直接比较和计算。

例子：

计算 10634×4321+5317×1358

此题如果直接乘之后相加，数字较大，而且非常容易出错。如果将 10634 变为 5317×2，规律就出现了。

10634×4321+5317×1358 =5317×2×4321+5317×1358

　　　　　　　　　　　　=5317×8642+5317×1358

　　　　　　　　　　　　=5317×(8642+1358)

　　　　　　　　　　　　=5317×10000

　　　　　　　　　　　　=53170000

提取公因式是运用拆分法的典型例子。提取公因式进行简化计算是一种最基本的四则运算方法，但一定要注意提取公因式时公因式的选择。

例子：

计算 999999×777778+333333×666666

方法一：

原式=333333×3×777778+333333×666666

　　=333333×(3×777778+666666)

　　=333333×(2333334+666666)

　　=333333×3000000

=999999000000

方法二：

原式=999999×777778+333333×3×222222

　　=999999×777778+999999×222222

　　=999999×(777778+222222)

　　=999999×1000000

　　=999999000000

方法一和方法二在公因式的选择上有所不同，导致计算的简便程度也不相同。

我们在做加法的时候，一般都是从右往左计算，这样方便进位。而在印度，人们都是从左往右算的。因为我们写数字的时候是从左往右写的，所以从左往右算会大大提高计算速度。这也是印度人计算速度比我们快的主要原因。从左到右计算加法就需要对数字进行拆分。

方法：

(1) 我们以第二个加数为三位数为例。先用第一个加数加上第二个加数的整百数。

(2) 用上一步的结果加上第二个加数的整十数。

(3) 用上一步的结果加上第二个加数的个位数，即可。

例子：

计算 756+829=_____

$$756+800=1556$$
$$1556+20=1576$$
$$1576+9=1585$$

所以 756+829=1585

注意：

这种方法其实就是把第二个加数拆分成容易计算的数再分别相加。

▶ **用拆分法算加法 2**

在上面的方法中，我们把一个加数进行了拆分，在本节中我们来学习如何把两个加数同时进行拆分。下面我们以三位数加法作为示例：如果两个加数都是三位数，那么我们可以把它们分别分解成百位、十位和个位三部分，然后分别进行计算，最后相加。

方法：

(1) 把两个加数的百位数字相加。

(2) 把两个加数的十位数字相加。

(3) 把两个加数的个位数字相加。

(4) 把前三步的结果相加，注意进位。

口诀：百加百，十加十，个加个。

例子：

计算 328+321=_____

首先计算 300+300=600

再计算 20+20=40

再计算 8+1=9

结果就是 600+40+9=649

所以 328+321=649

注意：

这种方法还可以做多位数加多位数的加法，而且并不需要两个加数的位数相等。

▶ 四位数加法运算

方法：

(1) 把每个四位数都分成两个两位数。

(2) 将对应的两个两位数相加，即两个前面的两位数相加，两个后面的两位数相加。

(3) 将两个结果合在一起。如果后面的两个两位数相加变成三位数，那么要注意进位。

口诀：分成两位数，再相加。

例子：

计算 1287+3511=_____

把 1287 分解为 12 和 87

把 3511 分解为 35 和 11

然后 12+35=47

87+11=98

所以结果即为 4798

所以 1287+3511=4798

注意:

这种方法可以做多位数加法,位数不足的可以在前面用 0 补足。但是位数越多越要注意进位。

▶ 求连续数的和

分组法,是指根据算式中数字的特征以及计算规律,把可以凑整或者可以提取公因式的若干项归为一组,可以快速而简便地计算出题目的结果。

一般能用分组法计算的题目都会有四项、六项或大于六项,一般四项的分组分解有两种形式:2+2 分法、3+1 分法。

2+2 分法:

$$ax+ay+bx+by$$
$$=(ax+ay)+(bx+by)$$
$$=a(x+y)+b(x+y)$$
$$=(a+b)(x+y)$$

我们把 ax 和 ay 分为一组,bx 和 by 分为一组,利用乘法分配律,两两相配。同样地,这道题也可以用另外一种方式分组。

$$ax+ay+bx+by$$
$$=(ax+bx)+(ay+by)$$
$$=x(a+b)+y(a+b)$$
$$=(a+b)(x+y)$$

3+1 分法:

$$2xy-x^2+1-y^2$$
$$=1-(x^2-2xy+y^2)$$
$$=1-(x-y)^2$$
$$=(1+x-y)(1-x+y)$$

一些看起来很难计算的题目,采用分组法,往往可以很快地解答出来。

求连续数的和最简单的办法就是运用分组法。所谓连续数就是有一定顺序和规律的序贯数字。比如 1、2、3、4、5、…

方法：

(1) 把首尾两个数相加。

(2) 把上一步的结果除以 2。

(3) 再乘上这些数字的个数。[(2) (3)两步可以调换顺序]

原理：

德国数学家高斯小时候就做过"百数求和"的问题，即求：1+2+3+⋯+99+100=_____。

方法其实很简单，只要进行分组即可。

1 和 100 一组；2 和 99 一组；

3 和 98 一组；4 和 97 一组；

⋯⋯

这样一共可以分成 100÷2=50 组，而每组都是 1+100=101。

所以，1+2+3+4+⋯+99+100=(1+100)×100÷2=5050。

这种算法的思路，最早见于我国古代的《张丘建算经》。张丘建利用这一思路巧妙地解答了"有女不善织"这一名题：

"今有女子不善织，日减功，迟。初日织五尺，末日织一尺，今三十日织讫。问织几何？"

题目的意思是：有位妇女不善于织布，她每天织的布都比上一天减少一些，并且减少的数量都相等。她第一天织了 5 尺布，最后一天织了 1 尺，一共织了 30 天。问她一共织了多少布？

张丘建在《张丘建算经》上给出的解法是："并初末日织尺数，半之，余以乘织讫日数，即得。""答曰：二匹一丈。"

这一解法，用现代的算式表达，就是：(5 尺+1 尺)÷2×30 天=90 尺。

因为古代 1 匹=4 丈，1 丈=10 尺，所以 90 尺=9 丈=2 匹 1 丈。

这道题的解题思路为：如果把这位妇女从第 1 天直到第 30 天所织的布都加起来，算式应该是：5+⋯+1，在这一算式中，每一个往后加的加数，都会比前一个紧挨着它的加数递减一个相同的数字，而这一递减的数字不会是一个整数。若把这个式子反过来，则算式便是：1+⋯+5，此时，每一个往后的加数，就都会比它前一个紧挨着它的加数递增一个相同的数字。同样地，这一递增的相同的数字，也不是一个整数。而且这个递增的数字与上一个递减的数字是相同的。

假如把上面这两个式子相加，并在相加时，利用"对应的数相加的和相等"这一特点，那么，就会出现下面的式子：

$$5+\cdots+1$$
$$+ \quad 1+\cdots+5$$
$$\overline{}$$
$$6+6+6+\cdots+6$$

共计 30 个 6。

所以，这个妇女 30 天织的布是 6×30÷2=90(尺)。

例子：

计算 1+2+3+4+5+6+7+8+9+10=_____

$$1+10=11$$
$$11÷2=5.5$$
$$5.5×10=55$$

所以 1+2+3+4+5+6+7+8+9+10=55

扩展阅读

等差数列

在一列数中，任意相邻两个数的差是一定的，这样的一列数，就叫作等差数列。

基本概念介绍：

首项：等差数列的第一个数，一般用 a_1 表示；

项数：等差数列的所有数的个数，一般用 n 表示；

公差：数列中任意相邻两个数的差，一般用 d 表示；

通项：表示数列中每一个数的公式，一般用 a_n 表示；

数列的和：这一数列全部数字的和，一般用 S_n 表示。

基本思路：

等差数列中涉及五个量：a_1，a_n，d，n，S_n，通项公式中涉及四个量，如果已知其中三个，就可求出第四个；求和公式中涉及四个量，如果已知其中三个，就可以求第四个。

基本公式：

通项公式：$a_n=a_1+(n-1)d$
$$=首项+(项数-1)×公差$$

数列和公式：$S_n=(a_1+a_n)n/2$

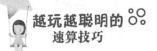
$$=(首项+末项)×项数/2$$

项数公式：$n=(a_n-a_1)/d+1$

$$=(末项-首项)/公差+1$$

公差公式：$d=(a_n-a_1)/(n-1)$

$$=(末项-首项)/(项数-1)$$

所以，关键问题就是确定已知量和未知量，进而确定该使用什么公式。

性质：①等差数列的平均值等于正中间的那个数(奇数个数)或者正中间那两个数的平均值(偶数个数)；②任意角标差值相等的两个数之差都相等，即 $A_{(n+i)}-A_n=A_{(m+i)}-A_m$。

一些常见等差数列的和：

自然数和：$1+2+3+\cdots+n=n(n+1)÷2$

奇数和：$1+3+5+\cdots+(2n-1)=n^2$

偶数和：$2+4+6+\cdots+2n=n(n+1)$

▶ 用格子做加法

方法：

(1) 根据要求的数字的位数画出$(n+2)×(n+2)$的方格，n 为两个加数中较大的数的位数。

(2) 第一行第一列的位置写上"+"，然后在下面的格子里竖着写出第一个加数(每个格子写一个数字，且要保证两个加数的位数一致，如果不足，将少的前面用 0 补足)。

(3) 第二列空着，留给结果进位使用。

(4) 从第一行第三列的位置开始横着写出第二个加数(每个格子写一个数字)。

(5) 分别将两个加数的各位数字相加，百位加百位，十位加十位，个位加个位。然后把结果写在它们交叉的位置上(超过 10 则进位写在前面一格中)。

(6) 将所有结果竖着相加，写在对应的最后一行上，即为结果(注意进位)。

例子：

计算 3721+1428=_____

如图 1-1 所示，将 1428 写在第一列加号的下面，3721 写在第一行第三、四、五、六列。然后对应位置的数字相加：1+3=4、4+7=11、2+2=4、1+8=9 分别写在对应的位置上。最后将四个数字竖向相加，得到 5149。

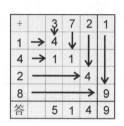

图 1-1

所以 3721+1428=5149

注意:

(1) 前面空一位是为进位考虑,在最高位相加大于 10 时向前进位。

(2) 两个加数的位数要一致,如果不足,将少的用 0 补足。

▶ 用截位法求多位数加法

"截位法"是在精度允许的范围内,将计算过程中的数字截位(即只看或者只取前几位),从而使计算过程得到简化并保证计算结果的精确度。

在加法或者减法的计算中使用"截位法"时,直接从左边高位开始相加或者相减(注意下一位是否需要进位与错位)。

在乘法或者除法的计算中使用"截位法"时,为了使所得结果尽可能精确,需要注意以下几点:

(1) 扩大(或缩小)一个乘数因子,则需缩小(或扩大)另一个乘数因子。

(2) 扩大(或缩小)被除数,则需扩大(或缩小)除数。

如果是求"两个乘积的和或者差"(即 $a \times b +/- c \times d$),应该注意:

(1) 扩大(或缩小)加号的一侧,则需缩小(或扩大)加号的另一侧。

(2) 扩大(或缩小)减号的一侧,则需扩大(或缩小)减号的另一侧。

到底采取哪个近似方向由相近程度和截位后计算难度决定。

一般来说,在乘法或者除法中使用"截位法"时,若答案需要有 N 位精确度,则计算过程的数据需要有 $N+1$ 位的精确度,但具体情况还得由截位时误差的大小以及误差的抵消情况来决定;在误差较小的情况下,计算过程中的数据甚至可以不满足上述截位方向的要求。所以应用这种方法时,需要做好误差的把握,以免偏差太大。在可以使用其他方式得到答案并且截位误差可能很大时,尽量避免使用乘法与除法的截位法。

方法：

(1) 根据精确度要求确定截取的位数。

(2) 只计算被截取的前面几位的和。

(3) 与选项对比，得出正确答案。

例子：

计算 6875+5493+12039+3347=_____

A. 25354   B. 27754   C. 26344   D. 28364

我们看选项，可以看出答案分别约为 2.5 万、2.6 万、2.7 万、2.8 万，所以我们截取到千位即可。

对四个数分别进行四舍五入，截取千位，分别为：7+5+12+3=27。

所以，答案为 B。

▶ **两行竖式加法**

两行竖式加法，是加法运算的基础，也是一个通用的法则，它可以应用到任何加法运算之中，是加法计算的重中之重，我们一定要掌握。

方法：

(1) 将两个加数凑成同位数，不足的前面加 0，如原来就是同位数则都加 0。并列成竖式。

(2) 从左到右依次运用下面的口诀计算，将结果写在竖式下面。

口诀：①后位满 10 多加 1；②后位和 9 隔位看；③后位小 9 直写和。

注意：

这种计算方法的特点是从左到右计算，算前看后，提前进位，答案一次写出。熟练掌握后可以不必再列竖式，也可以前面不用加 0，还能运用到连加、连减的运算之中。

例子：

计算 18167+25233=_____

我们试着不写前面的 0。

$$
\begin{array}{r}
1\,8\,1\,6\,7 \\
+\,2\,5\,2\,3\,3 \\
\hline
4\,3\,4\,0\,0
\end{array}
$$

从左往右看，第一步：两个万位数的后位 8+5=13，已满 10，用口诀：后位满 10 多加 1，所以万位下边应该是 1+2+1=4，所以下面写 4；

第二步：看千位 8+5=13(十已进位)，在写 3 时，应先看后位，后位 1+2=3，根据口诀：后位小 9 直写和，所以千位写 3。

第三步：1+2=3，后位情况 6+3=9，还需要再看下一位，已经满 10，所以第三位要再加 1，3+1=4。

第四步：其实这一步在刚才就可以确定了，为 0。

第五步：7+3=10(十已经进位)，只写个位数 0。

所以 18167+25233=43400。

注意：

这种两行竖式加法，在我们刚开始学习的时候，由于不熟练，可能会觉得每次都要运用口诀很麻烦，速度也没有传统方法快。但是你一旦掌握了这种方法，就会获益匪浅，还会为后面的运算打下牢固的基础。

▶ **三行竖式加法**

三行竖式加法，是建立在两行竖式加法的基础上进行计算的，所以，必须把两行竖式加法掌握得非常熟练，才能进行三行竖式加法的学习。

方法：

(1) 将三个加数凑成同位数，不足的前面加 0，如原来就是同位数则都加 0。并列成三行竖式。

(2) 根据两行竖式加法的口诀算出下面两行的结果。

(3) 依然用两行竖式加法的口诀将上一步的结果与第一行数字相加，将结果写在竖式下面。

例子：

计算 1525+2563+4363=＿＿＿＿＿

先用两行竖式加法计算 2563+4363=6926

再用两行竖式加法计算 1525+6926=8451

所以 1525+2563+4363=8451

注意：

三行竖式加法刚开始学习的时候，第二行与第三行相加之和可以写出来，再与第一行相加。如果熟练以后，就不能再写出来了，因为那样就太慢，太麻烦了。相加之和直接与第一行再相加，就是其总和。

横式的多位数连加计算题，甚至根本用不着再去列竖式，而直接用两行竖式加法的口诀计算，瞬间答案就能计算出来。

2. 减法问题

▶ 用凑整法算减法

方法：

将被减数和减数同时加上或者同时减去一个数，使得减数成为一个整数从而方便计算。

口诀：同加或同减。

例子：

计算 2816-911=_____

首先将被减数和减数同时减去 11

即被减数变为 2816-11=2805

减数变为 911-11=900

然后用 2805-900=1905

所以 2816-911=1905

▶ 巧用补数做减法

前面我们提到过：在数学速算中，一般经常会用到的有两种补数：一种是与其相加得该位上最大数(9)的数，称为 9 补数；另一个是与其相加能进到下一位的数，称为 10 补数。

在这里，我们就会用到两种补数。

方法：

我们只需分别计算出个位上的数字相对于 10 的补数，和其他位上相对于 9 的补数，写在相应的数字下即可。

口诀：前位凑九，末(个)位凑十。

例子：

计算 1443-854=_____

先计算出 1000-854

8　5　4

1　4　6

所以 1000-854=146

$$1443-854=146+443$$
$$=146+400+40+3$$
$$=589$$

所以 1443-854=589

▶ 求互补的两个数的差

方法：

(1) 用被减数减去一个基数。

(2) 把上一步得到的差乘以 2。

(3) 两位数互补，基数用 50，三位数互补，基数用 500，四位数互补，基数用 5000，依次类推。

例子：

计算 8112-1888=_____

原式=(8112-5000)×2

　　=6224

所以 8112-1888=6224

▶ 用拆分法算减法

我们做减法的时候，也跟加法一样，一般都是从右往左计算，这样方便借位。而在印度，他们都是从左往右计算的。同样，从左往右算减法也要用到拆分。

方法：

(1) 我们以减数为三位数为例。先用被减数减去减数的整百数。

(2) 用上一步的结果减去减数的整十数。

(3) 用上一步的结果减去减数的个位数，即可。

例子：

计算 458-214=_____

$$458-200=258$$
$$258-10=248$$
$$248-4=244$$

所以 458-214=244

注意：

这种方法其实就是把减数分解成容易计算的数进行计算。

▶ **被减数为 100、1000、10000 的减法**

方法：

(1) 把被减数写成 $x+10$ 的形式。例如 100 写成 90+10，1000 写成 990+10，……

(2) 用前面的数去减减数的十位上数字，用 10 去减减数的个位数。可以避免借位。

例子：

计算 100-36=_____

首先将被减数 100 写成 90+10

$$9-3=6$$
$$10-6=4$$

所以结果为 64

所以 100-36=64

注意：

这种方法可以避免借位，提高准确率和计算速度。

▶ **两位数减一位数**

如果被减数是两位数，减数是一位数，那我们也可以把它们分别拆分成十位和个位两部分，然后分别进行计算，最后相加。

方法：

(1) 把被减数分解成十位加个位的形式，把减数分解成 10 减去一个数字的形式。

(2) 把两个十位数字相减。

(3) 把两个个位数字相减。

(4) 把上两步的结果相加，注意进位。

例子：

计算 88-9=_____

$$88=80+8, \quad 9=10-1$$
$$80-10=70$$
$$8-(-1)=9$$
$$70+9=79$$

所以 88-9=79

▶ 两位数减法运算

如果两个数都是两位数，那么我们可以把它们分别拆分成十位和个位两部分，然后分别进行计算，最后相加。

方法：

(1) 把被减数分解成十位加个位的形式，把减数分解成整十数减去一个数字的形式。

(2) 把两个十位数字相减。

(3) 把两个个位数字相减。

(4) 把上两步的结果相加，注意进位。

例子：

计算 62-38=_____

首先把被减数分解成 60+2 的形式，减数分解成 40-2 的形式。

计算十位 60-40=20

再计算个位 2-(-2)=4

结果就是 20+4=24

所以 62-38=24

▶ 三位数减两位数

方法：

(1) 把被减数分解成百位加上一个数的形式，把减数拆分成整十数减去一个数字的形式。

(2) 用被减数的百位与减数的整十数相减。

(3) 用被减数的剩余数字与减数所减的数字相加。

(4) 把上两步的结果相加，注意进位。

例子：

计算 212-28=_____

首先把被减数分解成 200+12 的形式，减数分解成 30-2 的形式。

计算百位与整十数的差 200-30=170

再计算剩余数字与所减数字的和 12+2=14

结果就是 170+14=184

所以 212-28=184

▶ 三位数减法运算

方法：

(1) 把被减数分解成百位加上一个数的形式，把减数拆分成百位加上整十数减去一个数字的形式。

(2) 用被减数的百位减去减数的百位，再减去整十数。

(3) 用被减数的剩余数字与减数所减的数字相加。

(4) 把上两步的结果相加，注意进位。

例子：

计算 512-128=_____

首先把被减数分解成 500+12 的形式，减数分解成 100+30-2 的形式。

计算百位与百位和整十数的差 500-100-30=370

再计算剩余数字与所减数字的和 12+2=14

结果就是 370+14=384

所以 512-128=384

▶ 两行竖式减法

与两行竖式加法一样，两行竖式减法，也是减法运算的基础，也是一个通用的法则，它可以应用到任何减法运算之中，是减法计算的重中之重，我们一定要掌握。

方法：

(1) 将两个数凑成同位数，不足的前面加 0(同位数不必加 0)。并列成竖式。

(2) 从左到右依次运用下面的口诀计算，将结果写在竖式下面。

口诀：①后位上小下大多减一；②后位上下相等隔位看；③后位上大下小直写差。

注意：

这种计算方法也是从左到右计算，算前看后，提前退位，答案一次得出。熟练掌握后，不必再列竖式，用眼一看，答案就能马上出来。

例子：

计算 1824-1486=_____

$$
\begin{array}{r}
1824 \\
-\quad 1486 \\
\hline
0338
\end{array}
$$

第一步：千位数相减，1-1=0，看后面一位，上大下小，所以千位数为0。

第二步：百位数相减，8-4=4，看后面一位，上小下大，需要多减 1，所以百位为4-1=3。

第三步：十位数相减，因为百位数多减了 1，所以十位是 12-8=4，看后面一位，上小下大，所以要再减 1，所以十位数为 4-1=3。

第四步：个位数相减，因为十位数多减了 1，所以个位 14-6=8，即个位数为 8。

所以，1824-1486=338。

注意：

这种两行竖式减法，在我们刚开始学的时候，由于不熟练，可能你会觉得每次都要运用口诀很麻烦，速度也没有传统方法快。但是你一旦掌握了这种方法，看到题目不用算，一口就能答出来，还会为后面的运算打下牢固的基础。所以一定要认真掌握。

▶ 三行竖式减法

三行竖式减法，用常规的方法计算，当然比较麻烦，又容易出错，如果把它改一改，把第二行和第三行先加起来，再用第一行减去后两行之和，那就简单快捷得多了。

方法：

(1) 运用两行竖式加法把后两个数字加起来。

(2) 根据两行竖式减法用第一个数字减去上一步的结果。

例子：

计算 8194-3243-4189=_____

第一步：先把第二行的减数 3243 和第三行的减数 4189 用两行竖式加法口诀，计算出其和为 7432。

第二步：用两行竖式减法，计算第一行的数字 8194 与上一步的结果 7432 的差。

即 8194-7432=762

所以 8194-3243-4189=762。

3. 乘法问题

▶ 任意数乘 5、25、125 的速算技巧

方法：

(1) $A×5$ 型速算技巧：$A×5=10A÷2$；

(2) $A×25$ 型速算技巧：$A×25=100A÷4$；

(3) $A×125$ 型速算技巧：$A×125=1000A÷8$；

例子：

计算 8739.45×5=＿＿＿＿＿

$$8739.45×5$$
$$=87394.5÷2$$
$$=43697.25$$

▶ 任意数乘 55 的速算技巧

方法：

(1) 被乘数除以 2(如得出数有小数，则省略小数部分)。

(2) 被乘数是单数补 5，双数补 0。

(3) 上步结果乘 11。

例子：

计算 37×55=＿＿＿＿＿

$$37÷2=18$$

因为 37 是单数，后面补 5=185

$$185×11=2035$$

所以 37×55=2035

任意数乘 5 的奇数倍

方法：

(1) 先把 5 的奇数倍乘 2。

(2) 与另一个乘数相乘。

(3) 结果除以 2。

例子：

计算 98×15=_____

$$15×2=30$$

$$98×30=2940$$

$$2940÷2=1470$$

所以积为 1470

所以 98×15=1470

任意数乘 15 的速算技巧

方法：

(1) 用被乘数加上自己的一半(如得出数有小数，则省略小数部分)。

(2) 单数后面补 5，双数后面补 0。

例子：

计算 33×15=_____

33+33÷2=49.5 省略小数部分为 49

33 是单数补 5，所以结果为 495

所以 33×15=495

扩展 1：任意数乘以 1.5 的速算技巧

方法：

$A×1.5=A+A÷2$。

例子：

计算 125×1.5=_____

$$125+125÷2=125+62.5$$

$$=187.5$$

所以 125×1.5=187.5

扩展 2：任意数乘以 15%的速算技巧

在美国，很多餐馆是需要支付小费的，一般是消费金额的 15%，那么，我们怎样快速地计算出该给多少小费呢？

方法：

(1) 先计算消费金额的 10%，也就是十分之一。

(2) 将上一步的结果除以 2。

(3) 前两步结果相加。

例子：

计算 125×15%=_____

$$125×10\%=12.5$$

$$12.5÷2=6.25$$

$$12.5+6.25=18.75$$

所以 125×15%=18.75

▶ **巧用补数做乘法**

如果一个乘数接近整十、整百、整千或整万时，用补数做乘法可以使其计算过程变简单。

方法：

(1) 将接近整十、整百、整千或整万的数用整数减去补数的形式写出来。

(2) 用另一个乘数分别与这个整数和这个补数相乘，再相减。

例子：

计算 857×990=_____

原式=857×(1000−10)

　　=857×1000−857×10

　　=857000−8570

　　=848430

所以 857×990=848430

▶ 接近 100 的数字相乘

方法：

(1) 设定 100 为基准数，计算出两个数与 100 的差。

(2) 将被乘数与乘数竖排写在左边，两个差竖排写在右边，中间用斜线隔开。

(3) 将上两排数字交叉相加所得的结果写在第三排的左边。

(4) 将两个差相乘所得的积写在右边。

(5) 将(3)的结果乘以基准数 100，与(4)所得结果加起来，即为结果。

例子：

计算 102×113=_____

先计算出 102、113 与 100 的差，分别为 2、13，因此可以写成下列形式：

$$102/2$$
$$113/13$$

交叉相加，102+13 或 113+2，都等于 115。

两个差相乘，2×13=26。

因此可以写成：

$$102/2$$
$$113/13$$
$$115/26$$
$$115×100+26=11526$$

所以 102×113=11526

扩展 1：接近 200 的数字相乘

方法：

(1) 设定 200 为基准数，计算出两个数与 200 的差。

(2) 将被乘数与乘数竖排写在左边，两个差竖排写在右边，中间用斜线隔开。

(3) 将上两排数字交叉相加所得的结果写在第三排的左边。

(4) 将两个差相乘所得的积写在右边。

(5) 将(3)的结果乘以基准数 200，与(4)所得结果加起来，即为结果。

例子：

计算 203×212=_____

先计算出 203、212 与 200 的差，分别为 3、12，因此可以写成下列形式：

$$203/3$$
$$212/12$$

交叉相加，203+12 或 212+3，都等于 215。

两个差相乘，3×12=36。

因此可以写成：

$$203/3$$
$$212/12$$
$$215/36$$
$$215×200+36=43036$$

所以 203×212=43036

扩展阅读

类似地，你还可以用这种方法计算接近250、300、350、400、450、500、1000…等数字的乘法，只需选择相应的基准数即可。

当然，当两个数字都接近某个 10 的倍数时，你也可以用这种方法，选择这个 10 的倍数作为基准数，这个方法依然适用。

扩展 2：接近 50 的数字相乘

方法：

(1) 设定 50 为基准数，计算出两个数与 50 的差。

(2) 将被乘数与乘数竖排写在左边，两个差竖排写在右边，中间用斜线隔开。

(3) 将上两排数字交叉相加所得的结果写在第三排的左边。

(4) 将两个差相乘所得的积写在右边。

(5) 将(3)的结果乘以基准数 50，与(4)所得结果加起来，即为结果。

例子：

计算 53×42=_____

先计算出 53、42 与 50 的差，分别为 3、-8，因此可以写成下列形式：

$$53/3$$
$$42/-8$$

交叉相加，53-8 或 42+3，都等于 45。

两个差相乘，3×(-8)=-24。

因此可以写成：

53/3

42/-8

45/-24

45×50-24=2226

所以 53×42=2226

扩展 3：接近 30 的数字相乘

方法：

(1) 设定 30 为基准数，计算出两个数与 30 的差。

(2) 将被乘数与乘数竖排写在左边，两个差竖排写在右边，中间用斜线隔开。

(3) 将上两排数字交叉相加所得的结果写在第三排的左边。

(4) 将两个差相乘所得的积写在右边。

(5) 将(3)的结果乘以基准数 30，与(4)所得结果加起来，即为结果。

例子：

计算 37×22=＿＿＿＿＿

先计算出 37、22 与 30 的差，分别为 7、-8，因此可以写成下列形式：

37/7

22/-8

交叉相加，37-8 或 22+7，都等于 29。

两个差相乘，7×(-8)=-56。

因此可以写成：

29/-56

29×30-56=814

所以 37×22=814

注意：

这个基准数可以设定为容易计算的任何数值。

▶ **用中间数算乘法**

　　数的平方我们已经知道如何计算了，而且有一些常用的数的平方我们已经可以记住了。有了这个基础，我们可以运用因数分解法来使某些符合特定规律的乘法转变成简单的方式进行计算。这个特定的规律就是：相乘的两个数之间的差必须为

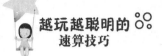
偶数。

方法：

(1) 找出被乘数和乘数的中间数(只有相乘的两个数之差为偶数，它们才有中间数)。

(2) 确定被乘数和乘数与中间数之间的差。

(3) 用因数分解法把乘法转变成平方差的形式进行计算。

例子：

计算 17×13=_____

首先找出它们的中间数为15(求中间数很简单，即将两个数相加除以 2 即可，一般心算即可求出)。另外，计算出被乘数和乘数与中间数的差为 2。

所以 17×13=(15+2)×(15-2)

$$=15^2-2^2$$

$$=225-4$$

$$=221$$

所以 17×13=221

注意：

被乘数与乘数相差越小，计算越简单。

▶ **用模糊中间数算乘法**

有的时候，中间数的选择并不一定要取标准的中间数(即两个数的平均数)，我们还可以为了方便计算，取凑整或者平方容易计算的数作为中间数。

方法：

(1) 找出被乘数和乘数的模糊中间数 a(即与相乘的两个数的中间数最接近并且有利于计算的整数)。

(2) 分别确定被乘数和乘数与中间数的差 b 和 c。

(3) 用公式 $(a+b)×(a+c)=a^2+a×(b+c)+b×c$ 进行计算。

例子：

计算 47×38=_____

首先，找出它们的模糊中间数为40(与中间数最相近，并容易计算的整数)。另外，分别计算出被乘数和乘数与中间数的差为 7 和-2。

所以 47×38=(40+7)×(40−2)

$$=40^2+40\times(7-2)-7\times2$$

$$=1600+200-14$$

$$=1786$$

所以 47×38=1786

▶ 用较小数的平方算乘法

有的时候，我们还可以用较小的那个乘数作为"中间数"进行计算，这样会简单很多。

方法：

(1) 将被乘数和乘数中较大的数用较小的数加上一个差的形式表示出来。

(2) 用公式 $a\times b=(b+c)\times b=b^2+b\times c$ 进行计算。

例子：

计算 111×105=_____

$$111\times105=(105+6)\times105$$

$$=105^2+6\times105$$

$$=11025+630$$

$$=11655$$

所以 111×105=11655

▶ 用十字相乘法做两位数乘法

十字相乘法，又叫十字分解法。简单来讲，十字左边相乘等于二次项系数，右边相乘等于常数项，交叉相乘再相加等于一次项。其实就是运用乘法公式 $(x+a)(x+b)=x^2+(a+b)x+ab$ 的逆运算来进行因式分解。

十字分解法能用于二次三项式的分解因式(不一定是整数范围内)。对于像 $ax^2+bx+c=(a_1x+c_1)(a_2x+c_2)$ 这样的整式来说，这个方法的关键是把二次项系数 a 分解成两个因数 a_1、a_2 的积 $(a_1\times a_2)$，把常数项 c 分解成两个因数 c_1、c_2 的积 $(c_1\times c_2)$，并使 $a_1c_2+a_2c_1$ 正好等于一次项的系数 b。那么可以直接写成结果：$ax^2+bx+c=(a_1x+c_1)(a_2x+c_2)$。

在运用这种方法分解因式时，要注意观察、尝试并体会，它的实质是二项式乘法的逆过程。当首项系数不是 1 时，往往需要多次试验，务必注意各项系数的符号。

基本式子：$x^2+(p+q)x+pq=(x+p)(x+q)$。

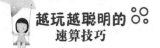
例如：把 $2x^2-7x+3$ 分解因式

可以先分解二次项系数，分别写在十字交叉线的左上角和左下角，再分解常数项，分别写在十字交叉线的右上角和右下角，然后交叉相乘，求代数和，使其等于一次项系数。

分解二次项系数，只取正因数，因为取负因数的结果与正因数结果相同。

$$2=1\times2=2\times1$$

分解常数项：

$$3=1\times3=3\times1=(-3)\times(-1)=(-1)\times(-3)$$

用画十字交叉线的方法表示这四种情况：

$$
\begin{array}{cc}
1 & 3 \\
 & \times \\
2 & 1
\end{array}
$$

$$1\times1+2\times3=7\neq-7$$

$$
\begin{array}{cc}
1 & 1 \\
 & \times \\
2 & 3
\end{array}
$$

$$1\times3+2\times1=5\neq-7$$

$$
\begin{array}{cc}
1 & -1 \\
 & \times \\
2 & -3
\end{array}
$$

$$1\times(-3)+2\times(-1)=-5\neq-7$$

$$
\begin{array}{cc}
1 & -3 \\
 & \times \\
2 & -1
\end{array}
$$

$$1\times(-1)+2\times(-3)=-7$$

经过观察，第四种情况是正确的，这是因为交叉相乘后，两项代数和恰等于一次项系数-7。

所以，$2x^2-7x+3=(x-3)(2x-1)$

通常地，对于二次三项式 $ax^2+bx+c(a\neq0)$，如果二次项系数 a 可以分解成两个因数之积，即 $a=a_1a_2$，常数项 c 可以分解成两个因数之积，即 $c=c_1c_2$，把 a_1、a_2、c_1、c_2 排列如下：

$$
\begin{array}{cc}
a_1 & c_1 \\
 & \times \\
a_2 & c_2
\end{array}
$$

按斜线交叉相乘，再相加，得到 $a_1c_2 + a_2c_1$，若它正好等于二次三项式 ax^2+bx+c 的一次项系数 b，即 $a_1c_2 + a_2c_1=b$，那么二次三项式就可以分解为两个因式 a_1x+c_1 与 a_2x+c_2 之积，即：

$$ax^2+bx+c=(a_1x+c_1)(a_2x+c_2)$$

像这种借助画十字交叉线分解系数，从而帮助我们把二次三项式分解因式的方法，通常叫作十字分解法。

方法：

(1) 用被乘数和乘数的个位上的数字相乘，所得结果的个位数写在答案的最后一位，十位数作为进位保留。

(2) 交叉相乘，将被乘数个位上的数字与乘数十位上的数字相乘，被乘数十位上的数字与乘数个位上的数字相乘，求和后加上上一步中的进位，把结果的个位写在答案的十位数字上，十位上的数字作为进位保留。

(3) 用被乘数和乘数的十位上的数字相乘，加上进位，写在前两步所得的结果前面，即可。

推导：

我们假设两个数字分别为 ab 和 xy，用竖式进行计算，得到：

$$
\begin{array}{cc}
a & b \\
x & y \\
\hline
ay & by \\
ax & bx \\
\hline
\end{array}
$$

ax / $(ay+bx)$ / by

我们可以把这个结果当成一个二位数相乘的公式，这种方法将在你以后的学习中会经常用到。

图示(见图1-2)：

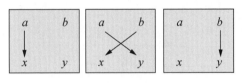

图 1-2

例子：

计算 93×57=_____

$$
\begin{array}{cc}
9 & 3 \\
5 & 7 \\
\end{array}
$$

$$45 \;/\; 63+15 \;/\; 21$$
$$45 \;/\; 78 \;/\; 21$$

进位：　　进 8　　进 2

结果为：5301

所以 93×57=5301

➤ 三位数与两位数相乘

三位数与两位数相乘也可以用交叉计算法，只是比两位数相乘复杂一些而已。

方法：

(1) 用三位数和两位数的个位上的数字相乘，所得结果的个位数写在答案的最后一位，十位数作为进位保留。

(2) 交叉相乘 1，将三位数个位上的数字与两位数十位上的数字相乘，三位数十位上的数字与两位数个位上的数字相乘，求和后加上上一步中的进位，把结果的个位写在答案的十位数字上，十位上的数字作为进位保留。

(3) 交叉相乘 2，将三位数十位上的数字与两位数十位上的数字相乘，三位数百位上的数字与两位数个位上的数字相乘，求和后加上上一步中的进位，把结果的个位写在答案的百位数字上，十位上的数字作为进位保留。

(4) 用三位数百位上的数字和两位数的十位上的数字相乘，加上上一步的进位，写在前三步所得的结果前面，即可。

推导：

我们假设两个数字分别为 abc 和 xy，用竖式进行计算，得到：

$$
\begin{array}{ccc}
a & b & c \\
 & x & y \\
\end{array}
$$

$$
\begin{array}{ccc}
ay & by & cy \\
ax & bx & cx \\
\end{array}
$$

$$ax \;/\; (ay+bx) \;/\; (by+cx) \;/\; cy$$

我们来对比一下，这个结果与两位数的交叉相乘有什么区别，你会发现它们的原理是一样的，只是多了一次交叉计算而已。

图示(见图1-3)：

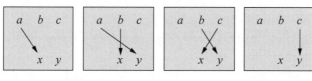

图1-3

例子：

计算 548×36=_____

$$
\begin{array}{ccc}
5 & 4 & 8 \\
& 3 & 6
\end{array}
$$

15 / 30+12 / 24+24 / 48

15 / 42 / 48 / 48

进位：进4   进5   进4

结果为：19728

所以 548×36=19728

三位数乘以三位数

方法：

(1) 用被乘数和乘数的个位上的数字相乘，所得结果的个位数写在答案的最后一位，十位数作为进位保留。

(2) 交叉相乘 1，将被乘数个位上的数字与乘数十位上的数字相乘，被乘数十位上的数字与乘数个位上的数字相乘，求和后加上上一步中的进位，把结果的个位写在答案的十位数字上，十位上的数字作为进位保留。

(3) 交叉相乘 2，将被乘数百位上的数字与乘数个位上的数字相乘，被乘数十位上的数字与乘数十位上的数字相乘，被乘数个位上的数字与乘数百位上的数字相乘，求和后加上上一步中的进位，把结果的个位写在答案的百位数字上，十位上的数字作为进位保留。

(4) 交叉相乘 3，将被乘数百位上的数字与乘数十位上的数字相乘，被乘数十位上的数字与乘数百位上的数字相乘，求和后加上上一步中的进位，把结果的个位写在答案的千位数字上，十位上的数字作为进位保留。

(5) 用被乘数百位上的数字和乘数百位上的数字相乘，加上上一步的进位，写在前三步所得的结果前面，即可。

推导：

我们假设两个数字分别为 abc 和 xyz，用竖式进行计算，得到：

$$
\begin{array}{ccc}
a & b & c \\
x & y & z \\
\hline
az & bz & cz \\
ay & by & cy \\
ax & bx & cx \\
\end{array}
$$

ax / (ay+bx) / (az+by+cx) / (bz+cy)/cz

图示(见图 1-4)：

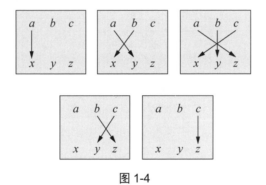

图 1-4

例子：

计算 568×167=_____

$$
\begin{array}{ccc}
5 & 6 & 8 \\
1 & 6 & 7 \\
\end{array}
$$

5 / 6+30 / 35+36+8 / 42+48 / 56

5 / 36 / 79 / 90 / 56

进位：进 4 　 进 8 　 进 9 　 进 5

结果为：94856

所以 568×167=94856

类似地，你还可以用这种方法计算五位数、六位数、七位数……与两位数相乘，只是每多一位数需要多一次交叉计算而已，简单吧！

▶ 四位数与两位数相乘

学会了两位数、三位数与两位数相乘，那么四位数与两位数相乘相信也难不倒你了吧。它依然可以用交叉计算法，只是比三位数再复杂一些而已。

方法：

(1) 用四位数和两位数的个位上的数字相乘，所得结果的个位数写在答案的最后一位，十位数作为进位保留。

(2) 交叉相乘 1，将四位数个位上的数字与两位数十位上的数字相乘，四位数十位上的数字与两位数个位上的数字相乘，求和后加上上一步中的进位，把结果的个位写在答案的十位数字上，十位上的数字作为进位保留。

(3) 交叉相乘 2，将四位数十位上的数字与两位数十位上的数字相乘，四位数百位上的数字与两位数个位上的数字相乘，求和后加上上一步中的进位，把结果的个位写在答案的百位数字上，十位上的数字作为进位保留。

(4) 交叉相乘 3，将四位数百位上的数字与两位数十位上的数字相乘，四位数千位上的数字与两位数个位上的数字相乘，求和后加上上一步中的进位，把结果的个位写在答案的千位数字上，十位上的数字作为进位保留。

(5) 用四位数千位上的数字和两位数十位上的数字相乘，加上上一步中的进位，写在前三步所得的结果前面，即可。

推导：

我们假设两个数字分别为 abcd 和 xy，用竖式进行计算，得到：

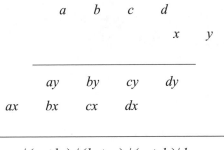

$$ax \mathbin{/} (ay+bx) \mathbin{/} (by+cx) \mathbin{/} (cy+dx) \mathbin{/} dy$$

我们来对比一下，这个结果和三位数与两位数的交叉相乘有什么区别，你会发现它们的原理是一样的，只是又多了一次交叉计算而已。

图示(见图 1-5)：

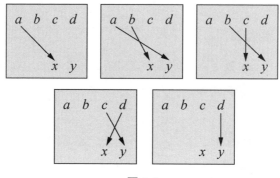

图 1-5

例子:

计算 9548×73=_____

	9	5	4	8
			7	3

63 / 35+27 / 28+15 / 56+12 / 24

63 / 62 / 43 / 68 / 24

进位：进 6   进 5   进 7   进 2

结果为：697004

所以 9548×73=697004

扩展阅读

类似地，你还可以用这种方法计算五位数、六位数、七位数……与两位数相乘，只是每多一位数需要多一次交叉计算而已，简单吧!

▶ **四位数乘以三位数**

方法:

(1) 用四位数和三位数个位上的数字相乘，所得结果的个位数写在答案的最后一位，十位数作为进位保留。

(2) 交叉相乘 1，将四位数个位上的数字与三位数十位上的数字相乘，四位数十位上的数字与三位数个位上的数字相乘，求和后加上上一步中的进位，把结果的个位写在答案的十位数字上，十位上的数字作为进位保留。

(3) 交叉相乘 2，将四位数百位上的数字与三位数个位上的数字相乘，四位数十位上的数字与三位数十位上的数字相乘，四位数个位上的数字与三位数百位上的数字相乘，求和后加上上一步中的进位，把结果的个位写在答案的百位数字上，十位上的数字作为进位保留。

(4) 交叉相乘 3，将四位数千位上的数字与三位数个位上的数字相乘，四位数百位上的数字与三位数十位上的数字相乘，四位数十位上的数字与三位数百位上的数字相乘，求和后加上上一步中的进位，把结果的个位写在答案的千位数字上，十位上的数字作为进位保留。

(5) 交叉相乘 4，将四位数千位上的数字与三位数十位上的数字相乘，四位数百位上的数字与三位数百位上的数字相乘，求和后加上上一步中的进位，把结果的个位写在答案的万位数字上，十位上的数字作为进位保留。

(6) 用四位数千位上的数字和三位数百位上的数字相乘，加上上一步中的进位，写在前三步所得的结果前面，即可。

推导：

我们假设两个数字分别为 $abcd$ 和 xyz，用竖式进行计算，得到：

$$
\begin{array}{ccccc}
a & b & c & d \\
 & x & y & z \\
\hline
 & az & bz & cz & dz \\
 & ay & by & cy & dy \\
ax & bx & cx & dx \\
\hline
\end{array}
$$

ax / $(ay+bx)$ / $(az+by+cx)$ / $(bz+cy+dx)/(cz+dy)/dz$

图示(见图 1-6)：

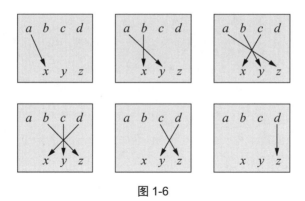

图 1-6

例子：

计算 5927×652=_____

	5	9	2	7
	6	5	2	

_____

30 / 25+54 / 10+45+12 / 18+10+42 / 4+35 / 14

30 / 79 / 67 / 70 / 39 / 14

进位：　进8　进7　进7　进4　进1

结果为：3864404

所以 5927×652=3864404

扩展阅读

类似地，你还可以用这种方法计算五位数、六位数、七位数……与三位数相乘，只是每多一位数需要多一次交叉计算。

▶ **用拆分法算两位数乘法**

我们知道一个两位数或者三位数乘以一位数比两位数乘以两位数要更容易计算，所以，两位数乘法中，如果被乘数或者乘数可以分解成两个一位数的乘积，那么可以把两位数乘法转换成一个两位数或者三位数乘以一位数的问题来简化计算。

方法：

(1) 把其中一个两位数分解成两个一位数的乘积。

(2) 用另外一个两位数与第一个一位数相乘。

(3) 用上一步的结果(可能是两位数也可能是三位数)与第二个一位数相乘。

例子：

计算 51×24=_____

$$24=4\times6$$
$$51\times4=204$$
$$204\times6=1224$$

所以 51×24=1224

当然，本题也可以把 24 拆分成 3×8

$$24=3\times8$$
$$51\times3=153$$
$$153\times8=1224$$

所以 51×24=1224

注意：

本方法可以扩展成多位数与两位数相乘。

▶ 将数字分解成容易计算的数字

有的时候，我们还可以把被乘数和乘数都进行拆分，使它变为容易计算的数字进行计算。这个时候要充分利用 5，25，50，100 等数字在计算时的简便性。

例子：

计算 48×27=_____

$$48\times27=(40+8)\times(25+2)$$
$$=40\times25+40\times2+8\times25+8\times2$$
$$=1000+80+200+16$$
$$=1296$$

所以 48×27=1296

▶ 任意数字与 12 相乘

方法：

(1) 将这个数字扩大 10 倍。

(2) 求出这个数字的倍数。

(3) 把前两步的结果相加。

例子：

计算 15×12=_____

15 扩大 10 倍为 150

15 的倍数为 30

150+30=180

所以 15×12=180

注意：

本题的方法可以扩展到多种情况，例如任意数字与 11，13，15，21，22 等相乘。因为一个任意数字乘以 1，2，5 等的计算都非常简单直观，所以将它们拆分成十位和个位分别计算可以大大降低计算难度。

▶ **两位数与一位数相乘**

方法：

(1) 把这个两位数拆分成整十数和一个个位数(或者补数)。

(2) 用这个整十数与一位数相乘。

(3) 用个位数与一位数相乘。

(4) 把前面两步的结果相加。

例子：

计算 99×7=_____

99=90+9

90×7=630

9×7=63

630+63=693

所以 99×7=693

当然，本题也可以把 99 拆分成 100-1

99=100-1

100×7=700

1×7=7

700-7=693

所以 99×7=693

注意：

本方法可以扩展成多位数与一位数相乘。

▶ **两位数与两位数相乘**

方法：

(1) 把其中一个两位数拆分成整十数和一个个位数(或者补数)。

(2) 用这个整十数与另一个两位数相乘。

(3) 用这个个位数与另一个两位数相乘。

(4) 把前面两步的结果相加。

例子：

计算 99×24=_____

$$99=90+9$$
$$90×24=2160$$
$$9×24=216$$
$$2160+216=2376$$

所以 99×24=2376

当然，本题也可以把 99 拆分成 100-1

$$99=100-1$$
$$100×24=2400$$
$$1×24=24$$
$$2400-24=2376$$

所以 99×24=2376

注意：

本方法可以扩展成多位数与两位数相乘。

▶ **任意数与 9 相乘**

方法：

(1) 将这个数后面加个"0"。

(2) 用上一步的结果减去这个数，即为结果。

推导：

我们假设任意数为 a，$a×9=a×(10-1)=a×10-a$

例子：

计算 365×9=_____

365 后面加个 "0" 变为 3650

减去这个数 365，即 3650-365=3285

所以 365×9=3285

扩展：数字对调的两位数减法

方法：

(1) 用被减数的十位数减去它的个位数。

(2) 将上一步的结果乘以 9。

例子：

计算 93-39=_____

原式=(9-3)×9

　　=54

所以 93-39=54

▶ **任意数与 99 相乘**

方法：

(1) 将这个数后面加两个 "0"。

(2) 用上一步的结果减去这个数，即为结果。

推导：

我们假设任意数为 a，$a×99=a×(100-1)=a×100-a$

例子：

计算 435×99=_____

435 后面加个 "00" 变为 43500

减去这个数 35，即 43500-435=43065

所以 435×99=43065

▶ **任意数与 999 相乘**

方法：

(1) 将这个数后面加三个 "0"。

(2) 用上一步的结果减去这个数，即为结果。

推导:

我们假设任意数为 a , $a×999=a×(1000-1)=a×1000-a$

例子:

计算 2586×999=_____

2586 后面加个"000"变为 2586000

减去这个数 2586，即 2586000-2586=2583414

所以 2586×999=2583414

扩展: 任意数与 9、99、999 相乘的其他解法

方法:

(1) 这个任意乘数减 1。

(2) 用连续为 9 的数加 1 减去这个任意数。

(3) 把前两步骤所得结果连在一起。

推导:

我们假设乘数为 99(其他同理)。 $a×99=a×100-a= a×100-100+100-a=(a-1)×100+(100-a)$

例子:

计算 751×9999=_____

$$751-1=750$$
$$10000-751=9249$$

所以结果为 7509249

所以 751×9999=7509249

▶ 两位数与 11 相乘

一个数与 11、111、1111、…相乘，就会用到错位相加法。大家列一下竖式就知道了，很简单，我们这里不做展开。下面我们介绍一下两位数与 11 相乘的其他速算方法。

方法:

(1) 这个两位数的十位为积的百位。

(2) 这个两位数的个位为积的个位。

(3) 这个两位数的十位和个位数字相加为积的十位(满十进一)。

口诀: 两边一拉，和放中间。

例子：

计算 58×11=_____

百位为 5

个位为 8

5+8=13，十位为 3，进 1

所以积为 638

所以 58×11=638

扩展：数字对调的两位数加法

方法：

(1) 任选一个加数，将十位数与个位数相加。

(2) 上一步的结果乘以 11。

例子：

计算 57+75=_____

原式=(5+7)×11

　　=12×11

　　=132

所以 57+75=132

▶ **三位以上的数字与 11 相乘**

方法：

(1) 把和 11 相乘的乘数的写在纸上，中间和前后留出适当的空格；

如 $abcd$×11，则将乘数 $abcd$ 写成：

$$a \quad b \quad c \quad d$$

(2) 将乘数中相邻的两位数字依次相加求出的和依次写在乘数下面留出的空位上。

$$a \quad b \quad c \quad d$$
$$a+b \quad b+c \quad c+d$$

(3) 将乘数的首位数字写在最左边，乘数的末尾数字写在最右边。

$$a \quad b \quad c \quad d$$
$$a \quad a+b \quad b+c \quad c+d \quad d$$

(4) 第二排的计算结果即为乘数乘以 11 的结果(注意进位)。

口诀：首尾不动下落，中间之和下拉。

例子：

计算 85436×11=_____

	8	5	4	3	6
8	8+5	5+4	4+3	3+6	6
8	13	9	7	9	6
9	3	9	7	9	6

所以 85436×11=939796

其实这种方法也适用于两位数和三位数乘以 11 的情况，只是过于简单，规律没那么明显。

例子：

计算 798×11=_____

	7	9	8
7	7+9	9+8	8
7	16	17	8
进位： 8	7	7	8

所以 798×11=8778

扩展阅读

11 与"杨辉三角"

杨辉三角形，又称贾宪三角形、帕斯卡三角形，是二项式系数在三角形中的一种几何排列。

$$
\begin{array}{ccccccccccc}
 & & & & & 1 & & & & & \\
 & & & & 1 & & 1 & & & & \\
 & & & 1 & & 2 & & 1 & & & \\
 & & 1 & & 3 & & 3 & & 1 & & \\
 & 1 & & 4 & & 6 & & 4 & & 1 & \\
1 & & 5 & & 10 & & 10 & & 5 & & 1
\end{array}
$$

杨辉三角形同时对应于二项式定理的系数。n 次的二项式系数对应杨辉三角形的 $n+1$ 行。

例如：在 $(a+b)^2=a^2+2ab+b^2$ 中，2 次的二项式正好对应杨辉三角形第 3 行系数 1、2、1。

除此之外，也许你还会发现，这个三角形从第二行开始，是上一行的数乘以11所得的积。

$$
\begin{array}{ccccccc}
 & & & 1 & & & \\
 & & 1 & & 1 & & \\
 & 1 & & 2 & & 1 & \\
1 & & 3 & & 3 & & 1 \\
\end{array}
$$

							1×11=11=11^1
			1				11×11=121=11^2
			2				121×11=1331=11^3
	3		3				1331×11=14641=11^4
4		6		4		1	
5	10		10		5	1	14641×11=161051=11^5

▶ 三位以上的数字与111相乘

方法：

(1) 把和111相乘的乘数写在纸上，中间和前后留出适当的空格。

如 $abc×111$，积的第一位为 a，第二位为 $a+b$，第三位为 $a+b+c$，第四位为 $b+c$，第五位为 c。

(2) 结果即为被乘数乘以111的结果(注意进位)。

例子：

计算 543×111=_____

积第一位为5，第二位为5+4=9，第三位为5+4+3=12，第四位为4+3=7，第五位为3。

即结果为 5　　9　　12　　7　　3

进位后为 60273

所以 543×111=60273

如果被乘数为四位数 $abcd$，那么积的第一位为 a，第二位为 $a+b$，第三位为 $a+b+c$，第四位为 $b+c+d$，第五位为 $c+d$，第六位为 d。

注意：

同样的，更多位数乘以111的结果也都可以用相应的简单计算法计算，大家可以自己试着推算一下相应的公式。

▶ 用错位法做乘法

错位法，一般又叫作错位相减法(偶尔也会用到错位相加法)，是在数列求和或分数计算中比较常用的方法。

错位法多用于等比数列与等差数列相乘的形式。即形如 $An=BnCn$ 的数列，其中{Bn}为等差数列，{Cn}为等比数列；分别列出 Sn，再把所有式子同时乘以等比数列的公比 q，即 $q\cdot Sn$；然后错开一位，两个式子相减。这种数列求和方法叫作错位相减法。

例如：$Sn=a+2a^2+3a^3+\cdots+(n-2)a^{n-2}+(n-1)a^{n-1}+na^n$（其中 a 不等于 0，也不等于 1）(1)

在(1)的左右两边同时乘上 a。得到等式(2)如下：

$$aSn=a^2+2a^3+3a^4+\cdots+(n-2)a^{n-1}+(n-1)a^n+na^{n+1} \qquad (2)$$

用(1)-(2)，得：

$$(1-a)Sn=a+(2-1)a^2+(3-2)a^3+\cdots+(n-n+1)a^n-na^{n+1} \qquad (3)$$

即$(1-a)Sn=a+a^2+a^3+\cdots+a^{n-1}+a^n-na^{n+1}$

其中 $a+a^2+a^3+\cdots+a^{n-1}+a^n$ 可以用等比数列的求和公式进行计算。

得到：$a+a^2+a^3+\cdots+a^{n-1}+a^n=\dfrac{a^{n+1}-a}{a-1}$

$(1-a)Sn=\dfrac{a^{(n+1)}-1}{a-1}-na^{n+1}$

最后在等式两边同时除以$(1-a)$，就可以得到 Sn 了。

本方法与前面介绍的十字相乘法原理是一致的，只是写法略有不同，大家可以根据自己的喜好选择。

方法：

(1) 以两位数相乘为例，将被乘数和乘数各位上数字分开写。

(2) 将乘数的个位分别与被乘数的个位和十位数字相乘，将所得的结果写在对应数位的下面。

(3) 将乘数的十位分别与被乘数的个位和十位数字相乘，将所得的结果写在对应数位的下面。

(4) 结果的对应的数位上的数字相加，即可。

例子：

计算 97×26=_____

		9	7
	×	2	6
		4	2
	5	4	
	1	4	
1	8		
2	4	12	2

进位： 进1

结果为：2522

所以 97×26=2522

注意:

(1) 注意对准数位。乘数的某一位与被乘数的各个数位相乘时，结果的数位依此前移一位。

(2) 本方法适用于多位数乘法。

▶ **十几乘以任意数的速算**

方法:

(1) 乘数首位不动向下落。

(2) 被乘数的个位乘以乘数的每一个数字，加下一位数，再向下落。

注意:

和满十要进一。

例子:

计算 14×13425=＿＿＿＿

13425 的首位是 1

$$4×1+3=7$$
$$4×3+4=16$$
$$4×4+2=18$$
$$4×2+5=13$$
$$4×5=20$$

进位

所以 14×13425=187950

▶ **用节点法做乘法**

方法:

(1) 将乘数画成向左倾斜的直线，各个数位分别画。

(2) 将被乘数画成向右倾斜的直线，各个数位分别画。

(3) 两组直线相交有若干的交点，数出每一列交点的个数和。

(4) 按顺序写出这些和，即为结果(注意进位)。

例子：

计算 112×231=_____

解法如图 1-7 所示：

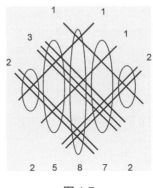

图 1-7

所以 112×231=25872

▶ **用网格法算乘法**

方法：

(1) 以两位数乘法为例，把被乘数和乘数分别拆分成整十数和个位数，写在网格的上方和左方。

(2) 对应的数相乘，将乘积写在格子里。

(3) 将所有格子填满之后，计算它们的和，即为结果。

例子：

计算 586×127=_____，如表 1-1 所示。

表 1-1

×	500	80	6
100	500×100=50000	80×100=8000	6×100=600
20	500×20=10000	80×20=1600	6×20=120
7	500×7=3500	80×7=560	6×7=42

再把格子里的九个数字相加：50000+8000+600+10000+1600+120+3500+560+42=74422

所以 586×127=74422

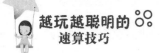
注意：

此方法适用于多位数乘法。

用三角格子算乘法

方法：

(1) 把被乘数和乘数分别写在格子的上方和右方。

(2) 对应的数位相乘，将乘积写在三角格子里，上面写十位数字，下面写个位数字。没有十位的用"0"补足。

(3) 斜线延伸处为几个三角格子里的数字的和，这些数字即为乘积中某一位上的数字。

(4) 注意进位。

例子：

计算 1024×58=_____

解法如图 1-8 所示：

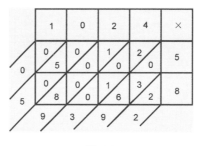

图 1-8

结果为 5　　9　　3　　9　　2

所以 1024×58=59392

注意：

此方法适用于多位数乘法。

用面积法做两位数乘法

方法：

(1) 把被乘数和乘数十位上数字的整十数相乘。

(2) 交叉相乘，即把被乘数的整十数和乘数个位上的数字相乘，再把乘数整十数和被乘数个位上的数字相乘，将两个结果相加。

(3) 把被乘数和乘数个位上数字相乘。

(4) 把前三步所得结果加起来，即为结果。

推导：

我们以 47×32=_____ 为例，可以画出如图 1-9 所示图例：

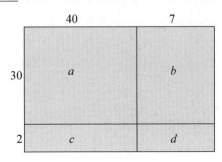

图 1-9

可以看出，图 1-9 面积可以分为 abcd 四个部分，其中 a 部分为被乘数和乘数十位上数字的整十数相乘。b 部分为被乘数个位和乘数整十数相乘。c 部分为乘数个位和被乘数整十数相乘。d 部分为被乘数和乘数个位上数字相乘。和即为总面积。

例子：

计算 32×17=_____

$$30×10=300$$
$$30×7+10×2=210+20=230$$
$$2×7=14$$
$$300+230+14=544$$

所以 32×17=544

▶ 十位数相同的两位数相乘

方法：

(1) 把被乘数和乘数十位上数字的整十数相乘。

(2) 把被乘数和乘数个位上的数相加，乘以十位上数字的整十数。

(3) 把被乘数和乘数个位上数字相乘。

(4) 把前三步所得结果加起来，即为结果。

推导：

我们以 17×15=_____ 为例，可以画出如图 1-10 所示图例：

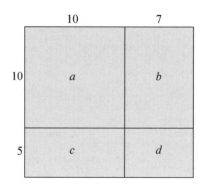

图 1-10

可以看出，图 1-10 面积可以分为 *abcd* 四个部分，其中 *a* 部分为被乘数和乘数十位上数字的整十数相乘。*b*、*c* 两部分为被乘数和乘数个位上的数相加，乘以十位上数字的整十数。*d* 部分为被乘数和乘数个位上数字相乘。和即为总面积。

例子：

计算 92×95=_____

$$90×90=8100$$

$$(2+5)×90=630$$

$$2×5=10$$

$$8100+630+10=8740$$

所以 92×95=8740

▶ **十位相同个位互补的两位数相乘**

方法：

(1) 两个乘数个位上的数字相乘为积的后两位数字(不足用 0 补)。

(2) 十位相乘时应按 $N×(N+1)$ 的方法进行，得到的积直接写在个位相乘所得的积前面。

如 *a*3×*a*7，则先得到 3×7=21，然后计算 $a×(a+1)$ 放在 21 前面即可。

口诀：一个头加 1 后，头乘头，尾乘尾。

推导：

我们以 63×67=_____为例，可以画出如图 1-11 所示图例：

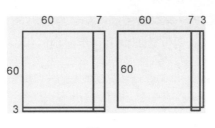

图 1-11

如图 1-11 所示，因为个位数相加为 10，所以可以拼成一个 $a×(a+10)$ 的长方形，又因为 a 的个位是 0，所以上面大的长方形面积的后两位数一定都是 0。加上多出来的那个小长方形的面积，即为结果。

例子：

计算 94×96=_____

$$4×6=24$$

$$9×(9+1)=90$$

所以 94×96=9024

▶ 十位互补个位相同的两位数相乘

方法：

(1) 两个乘数个位上的数字相乘为积的后两位数字(不足用 0 补)。

(2) 两个乘数十位上的数字相乘后加上个位上的数字为百位和千位数字。

口诀：头乘头加尾，尾乘尾。

例子：

计算 74×34=_____

$$7×3+4=25$$

$$4×4=16$$

所以 74×34=2516

▶ 十位互补个位不同的两位数相乘

方法：

(1) 先确定乘数与被乘数，把个位数大的当被乘数，个位数小的当乘数。

(2) 前两位为将被乘数的头和乘数的头相乘加上乘数的个位数。

(3) 后两位为被乘数的尾数与乘数的尾数相乘。

(4) 再用被乘数的尾数减乘数的尾数，乘以乘数的整十数。

(5) 用(2)(3)两步得到的四位数加上上一步得到的积。

例子：

计算 22×81=_____

22 为被乘数，81 为乘数

2×8+1=17

2×1=2

(2−1)×80=80

所以 22×81=1702+80=1782

➡ **一个首尾相同另一个首尾互补的两位数相乘**

方法：

(1) 假设被乘数首尾相同，则乘数首位加 1，得出的和与被乘数首位相乘，得数为前积(千位和百位)。

(2) 两尾数相乘，得数为后积(十位和个位)，没有十位用 0 补。

(3) 如果被乘数首尾互补，乘数首尾相同,则交换一下被乘数与乘数的位置即可。

例子：

计算 46×99=_____

$$(4+1)×9=45$$
$$6×9=54$$

所以 46×99=4554

扩展 1：一个各位数相同的数乘以一个首尾互补的两位数

说白了，数字相同的那个数字不再限定是两位数了。

方法：

(1) 前两位为互补的数字的头加一和相同数的任意一位数字相乘。

(2) 后两位为互补的数字的尾与相同数的任意一位数字相乘。

(3) 中间的数字位数为相同数的位数减 2，数字不变。

例子：

计算 82×77777777=_____

$$(8+1)×7=63$$

$$2×7=14$$

77777777 有 8 个 7，8-2=6，中间有 6 个 7

所以 82×77777777=6377777714

扩展 2：一数为相同数的两位数，一数为两互补数循环的乘法

方法：

(1) 前两位为相同数的任意一位乘以互补数的首位加 1。

(2) 后两位为相同数的任意一位乘以互补数的尾数。

(3) 中间数字替换成相同数的任意一位数，位数为互补数的位数减 2。

例子：

计算 55×1919=_____

$$5×(1+1)=10$$

$$5×9=45$$

中间加两个 5

所以 55×1919=105545

▶ 尾数为 1 的两位数相乘

方法：

(1) 十位与十位相乘，得数为前积(千位和百位)。

(2) 十位与十位相加，得数与前积相加，满十进一。

(3) 加上 1(尾数相乘，始终为 1)。

口诀：头乘头，头加头，尾乘尾。

例子：

计算 81×91=_____

$$80×90=7200$$

$$80+90=170$$

所以 81×91=7200+170+1=7371

或者：

$$8×9=72$$

$$80+90=170$$

答案顺着写即可(记得 170 的 1 要进位)：7370

所以 81×91=7370+1=7371

▶ 11～19 之间的整数相乘

方法：

(1) 把被乘数跟乘数的个位数加起来。

(2) 把被乘数的个位数乘以乘数的个位数。

(3) 把第一步的答案乘以 10。

(4) 加上第二步的答案，即可。

口诀：头乘头，尾加尾，尾乘尾

推导：

我们以 18×17=_____为例，可以画出下图(见图 1-12)：

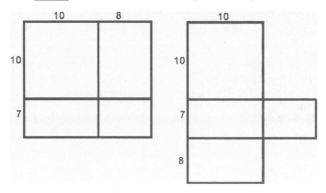

图 1-12

如图 1-12 所示，可以拼成一个 10×(17+8)的长方形，再加上多出来的那个小长方形的面积，即为结果。

例子：

计算 11×14=_____

$$11+4=15$$

$$1×4=4$$

$$15×10+4=154$$

所以 11×14=154

就这样，用心算就可以很快地算出 11×11 到 19×19 了。这真是太神奇了！

扩展阅读

19×19 段乘法表

我们的乘法口诀只需背到 9×9，而印度要求背到 19×19，也许你会不知道怎么办。别急，应用我们上面给出的方法，你也能很容易地计算出来，试试看吧！

下面我们将 19×19 段乘法表列出给大家参考。如表 1-2 所示。

表 1-2

*	1	2	3	4	5	6	7	8	9	10	11	12	13	14	15	16	17	18	19
1	1	2	3	4	5	6	7	8	9	10	11	12	13	14	15	16	17	18	19
2	2	4	6	8	10	12	14	16	18	20	22	24	26	28	30	32	34	36	38
3	3	6	9	12	15	18	21	24	27	30	33	36	39	42	45	48	51	54	57
4	4	8	12	16	20	24	28	32	36	40	44	48	52	56	60	64	68	72	76
5	5	10	15	20	25	30	35	40	45	50	55	60	65	70	75	80	85	90	95
6	6	12	18	24	30	36	42	48	54	60	66	72	78	84	80	96	102	108	114
7	7	14	21	28	35	42	49	56	63	70	77	84	91	98	105	112	119	126	133
8	8	16	24	32	40	48	56	64	72	80	88	96	104	112	120	128	136	144	152
9	9	18	27	36	45	54	63	72	81	90	99	108	117	126	135	144	153	162	171
10	10	20	30	40	50	60	70	80	90	100	110	120	130	140	150	160	170	180	190
11	11	12	13	14	15	16	17	18	19	110	121	132	143	154	165	176	187	198	209
12	22	24	26	28	30	32	34	36	38	120	132	144	156	168	180	192	204	216	228
13	33	36	39	42	45	48	51	54		130	143	156	169	182	195	208	221	234	247
14	44	48	52	56	60	64	68	72	76	104	154	168	182	196	210	224	238		266
15	55	60	65	70	75	80	85	90	95	150	165	180	195	210	225	240	255	270	285
16	66	72	78	84	80	96	102	108	114	160	176	192	208	224	240	256	272	288	304
17	77	84	91	98	105	112	119	126	133	170	187	204	221	238	255	272	289	306	323
18	88	96	104	112	120	128	136	144	152	160	198	216	234	252	270	288	306	324	342
19	99	108	117	126	135	144	153	162	171	190	209	228	247	266	285	304	323	342	361

▶ 100～110 之间的整数相乘

方法：

(1) 被乘数加乘数个位上的数字。

(2) 个位上的数字相乘。

(3) 第 2 步的得数写在第 1 步得数之后。

推导：

我们以 108×107=＿＿＿＿为例，可以画出下图(见图 1-13)：

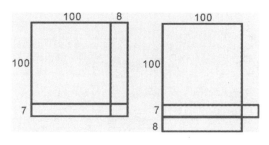

图 1-13

如图 1-13 所示，可以拼成一个 100×(107+8)的长方形，因为一个数乘以 100 的后两位数一定都是 0，所以在后面直接加上多出来的那个小长方形的面积，即为结果。

例子：

计算 108×107=_____

$$108+7=115$$

$$8×7=56$$

所以 108×107=11556

▶ **多位数乘一位数的运算技巧**

计算一个多位数与一位数相乘，我们有一些运算技巧和口诀，只要记下来，就可以大大加快运算速度。这在我们日常口算或者在其他复杂运算的过程中都会有很好的应用。

2 的乘法运算口诀：

1234 直写倍；

后数大 5 前加 1；

5 个为 0，6 个 2；

7 个为 4，8 个 6；

9 个为 8 要记牢；

算前看后莫忘掉。

3 的乘法运算口诀：

123 数直写倍；

后大 34 前加 1；

大于 67 要进 2；

4 个为 2，5 个 5；

6 个为 8，7 个 1；

8 个为 4，9 个 7；

循环小数要记准；

算前看后别忘掉。

4 的乘法运算口诀：

1 数 2 数直写倍；

后大 25 前加 1；

大于 50 要进 2；

大于 75 要进 3；

偶数各自皆互补；

奇数各自凑 5 奇；

记住它的进位率。

5 的乘法运算口诀：

任何数，乘以 5，

等于半数尾加 0。

6 的乘法运算口诀：

167 数要进 1；

后大 34 将进 2；

大于 50 要进 3；

后大 67 要进 4；

834 数要进 5；

偶数各自皆本身；

奇数和 5 来相比；

小于 5 数身减 5；

循环小数要记准。

7 的乘法运算口诀：

超 142857 进 1；

超 285714 进 2；

超 428571 进 3；

超 571428 进 4；

超 714285 进 5；

超 857142 进 6。

8 的乘法运算口诀：

满 125 进 1；

满 25 进 2；

满 375 进 3；

满 5 进 4；

满 625 进 5；

满 75 进 6；

满 875 进 7。

9 的乘法运算口诀：

两位之间前后比；

前小于后照数进；

前大于后要减 1；

各数个位皆互补；

算到末尾必减 1。

扩展阅读

走马灯数：142857

142857 这个数字很神奇，它能在运算中像走马灯一样经历轮转：

把它乘上 1、2、3、4、5、6 后得到的结果，均是这六个数字排列的轮换。如下所示：

142857×1=142857

142857×2=285714

142857×3=428571

142857×4=571428

142857×5=714285

142857×6=857142

规律：同样的数字，只是调换了位置，反复地出现。若你再继续乘下去，会得到更有趣的结果。

142857×7=999999

为什么会这样呢?

实际上，142857 是 1/7 化成循环小数后长度为 6 的循环节。

也就是说，142857 的走马灯特性与 1/7 脱不了干系。

我们再来看看除法:

1÷7=0.142857142857……

2÷7=0.2857142857142857……

3÷7=0.42857142857142857……

4÷7=0.57142857142857……

5÷7=0.7142857142857……

6÷7=0.857142857142857……

142857 ÷7= 20408.142857142857142857142857……

285714 ÷7= 40816.2857142857142857142857142857142857……

428571 ÷7= 61224.42857142857142857142857142857142857142857……

571428 ÷7= 81632.57142857142857142857142857142857142857……

714285 ÷7=102040.714285714285714285714285714285……

857142 ÷7=122448.857142857142857142857142857142……

那 142857 是怎么来的呢，我们在继续计算:

9÷7=1.2857142857142857142857142857……

99÷7=14.142857142857142857142857142857……

999÷7=142.714285714285714285714285142857……

9999÷7=1428.42857142857142857142857142857142857……

99999÷7=14285.571428571428571428571428571428……

999999÷7=142857(整数出现了，那我们继续)

9999999÷7=1428571.285714285714285714285714285714285714……

99999999÷7=14285714.142857142857142857142857142857……

999999999÷7=142857142.71428571428571428571428571428571428……

9999999999÷7=1428571428.42857142857142857142857142857142857142857142857……

99999999999÷7=14285714285.5714285714285714285714285714285714285714285714……

999999999999÷7=142857142857 (12 个 9，和 6 个 9 一样得到的是整数)

9999999999999÷7=1428571428571.2857142857142857142857142857142857142857……(13 个

9，小数点后的数字和9÷7相同)

99999999999999÷7=1428571428571414.1428571428571428571428571428571......(14个9，小数点后的数字和999÷7相同)

......

......

如此循环，18个9除以7等于多少呢？等于142857142857142857——三组"142857"

24个9除以7呢？是142857142857142857142857——四组"142857"

......

......

是不是很有意思呢？

▶ **自然数 n 次方尾数的变化规律**

(1) 2^n 的乘方尾数每4个数为一个周期，分别为：2、4、8、6；

(2) 3^n 的乘方尾数每4个数为一个周期，分别为：3、9、7、1；

(3) 4^n 的乘方尾数每2个数为一个周期，分别为：4、6；

(4) 7^n 的乘方尾数每4个数为一个周期，分别为：7、9、3、1；

(5) 8^n 的乘方尾数每4个数为一个周期，分别为：8、4、2、6；

(6) 9^n 的乘方尾数每2个数为一个周期，分别为：9、1；

(7) 0、1、5 和 6 的乘方尾数尾数不变。分别为：0、1、5 和 6。

▶ **多次方数**

通常我们把一个可以写成整数的整数次幂的数称为多次方数。

对于一些常用的多次方数，我们最好能把它们记住，这样对类似题目的运算有很大帮助。

常用自然数的多次方数，如表 1-3 所示。

表 1-3

底数	2次方	3次方	4次方	5次方	6次方	7次方	8次方	9次方	10次方
2	4	8	16	32	64	128	256	512	1024
3	9	27	81	243	729	2187	6561		
4	16	64	256	1024	4096				
5	25	125	625	3125					

续表

底数	2次方	3次方	4次方	5次方	6次方	7次方	8次方	9次方	10次方
6	36	216	1296	7776					
7	49	343	2401						
8	64	512	4096						
9	81	729	6561						

▶ 乘法手算法

手算法是使用手指来计数,并且通过一定的规则,通过手指的屈伸开合等动作,辅助计算一些简单的有规律的数学运算。通过这种直观的操作和动手的乐趣,能够快速地提高孩子对数学的兴趣,引导孩子走进奇妙的数学世界。

手算法主要包括:认识数字、数数字、手指计算等,十个手指简单一比画,正确答案就直接呈现了出来,非常有意思。

▶ 一位数与9相乘的手算法

方法:

(1) 伸出双手,并列放置,手心对着自己。

(2) 从左到右的 10 根手指分别编号为 1~10。

(3) 计算某个数与9的乘积时,只需将编号为这个数的手指弯曲起来,然后数弯曲的手指左边和右边各有几根手指即可。

(4) 弯曲手指左边的手指数为结果的十位数字,弯曲手指右边的手指数为结果的个位数字。这样就可以轻松得到结果。

例子:

计算 5×9=_____

伸出 10 根手指

将左起第 5 根手指弯曲

数出弯曲手指左边的手指数为 4

数出弯曲手指右边的手指数为 5

结果即为 45

所以 5×9=45

▶ **两位数与 9 相乘的手算法**

方法：

(1) 伸出双手，并列放置，手心对着自己。

(2) 从左到右的 10 根手指分别编号为 1～10。

(3) 计算某个两位数与 9 的乘积时，两位数的十位数字是几，就加大第几根手指与后面手指的指缝。

(4) 两位数的个位数字是几，就把编号为这个数的手指弯曲起来。

(5) 指缝前面伸直的手指数为结果的百位数字，指缝右边开始到弯曲手指之间的手指数为结果的十位数字，弯曲手指右边的手指数为结果的个位数字。这样就可以轻松得到结果 (如果弯曲的手指不在指缝的右边，则从外面计算)。

例子：

计算 28×9=_____

伸出 10 根手指

因为十位数是 2，所以把第二根手指与第三根手指间的指缝加大

因为个位数是 8，将左起第八根手指弯曲

数出指缝前伸直的手指数为 2

数出指缝右边到弯曲手指之间的手指数为 5

数出弯曲手指右边的手指数为 2

结果即为 252

所以 28×9=252

▶ **6～10 之间乘法的手算法**

方法：

(1) 伸出双手，手心对着自己，指尖相对。

(2) 从每只手的小拇指开始到大拇指，分别编号为 6～10。

(3) 计算两个 6～10 之间的数相乘时，就将左手中表示被乘数的手指与右手中表示乘数的手指对在一起。

(4) 这时，对在一起的两个手指与这两根手指下面的手指数之和为结果十位上的数字。

(5) 上面手指数的乘积为结果个位上的数字。

例子：

计算 8×9=_____

伸出双手，手心对着自己，指尖相对

因为被乘数是 8，乘数是 9，所以把左手中代表 8 的手指(中指)和右手中代表 9 的手指(食指)对起来

此时，相对的两个手指加上下面的 5 根手指是 7

上面左手有 2 根手指，右手有 1 根手指，乘积为 2

所以结果为 72

所以 8×9=72

▶ 11～15 之间乘法的手算法

方法：

(1) 伸出双手，手心对着自己，指尖相对。

(2) 从每只手的小拇指开始到大拇指，分别编号为 11～15。

(3) 计算两个 11～15 之间的数相乘时，就将左手中表示被乘数的手指与右手中表示乘数的手指对在一起。

(4) 这时，相对的两个手指及下面的手指数之和为结果十位上的数字。

(5) 相对手指的下面左手手指数(包括相对的手指)和右手手指数的乘积为结果个位上的数字。

(6) 在上面结果的百位上加上 1 即可。

例子：

计算 12×14=_____

伸出双手，手心对着自己，指尖相对

因为被乘数是 12，乘数是 14，所以把左手中代表 12 的手指(无名指)和右手中代表 14 的手指(食指)对起来

此时，相对的两个手指加上下面的 4 根手指是 6

下面左手有 2 根手指，右手有 4 根手指，乘积为 8

百位上加上 1，结果为 168

所以 12×14=168

▶ **16～20 之间乘法的手算法**

方法：

(1) 伸出双手，手心对着自己，指尖相对。

(2) 从每只手的小拇指开始到大拇指，分别编号为 16～20。

(3) 计算两个 16～20 之间的数相乘时，就将左手中表示被乘数的手指与右手中表示乘数的手指对在一起。

(4) 这时，包括相对的手指在内，把下方的左手手指数量和右手手指数量相加，再乘以 2，为结果十位上的数字。

(5) 上方剩余的左手手指数和右手手指数的乘积为结果个位上的数字。

(6) 在上面结果的百位上加上 2 即可。

例子：

计算 19×19=_____

伸出双手，手心对着自己，指尖相对

因为被乘数是 19，乘数是 19，所以把左手中代表 19 的手指(食指)和右手中代表 19 的手指(食指)对起来

此时，相对的两个手指加上下面，左手有 4 根手指，右手有 4 根手指，和为 8，所以十位的数字为 16

上面左手有 1 根手指，右手有 1 根手指，乘积为 1

百位上加上 2，结果为 361(注意进位)

所以 19×19=361

4. 除法问题

▶ **除法的一些性质**

(1) 一个数除以两个数的积，等于这个数依次除以积的两个因数。

用字母表示：$a \div (b \times c) = a \div b \div c$

推广：一个数除以几个数的积，等于这个数依次除以积的每一个因数。

(2) 一个数除以两个数的商，等于这个数先乘商中的除数，再除以商中的被除数；或者等于这个数先除以商中的被除数，再乘商中的除数。

用字母表示：$a \div (b \div c) = a \times c \div b$ 或 $a \div (b \div c) = a \div b \times c$

(3) 两个数的积除以一个数，等于用除数先除积的任意一个因数，再与另一个

因数相乘。

用字母表示：$(a×b)÷c=(a÷c)×b$ 或$(a×b)÷c=(b÷c)×a$

推广：几个数的积除以一个数，等于先用除数去除积的任意一个因数，再将所得的商与其他因数相乘。

(4) 两个数的商除以一个数，等于商中的被除数先除以这个数，再除以原来商中的除数。

用字母表示：$(a÷b)÷c=(a÷c)÷b$

(5) 两个数的和(或差)除以一个数，等于用这个数去除这两个数(在能整除的情况下)，再把两个商相加(或相减)。

用字母表示：$(a+b)÷c=a÷c+b÷c$ 或$(a-b)÷c=a÷c-b÷c$

推广：几个数的和(或差)除以一个数，等于用这个数去除这几个数(在能整除的情况下)，再把几个商相加(或相减)。

▶ **直除法**

"直除法"就是在比较或者计算较为复杂的分数或者除法时，可以通过"直接相除"的方式得到商的首位(首一位或首两位)，从而根据选项中各个答案的差异，得出正确答案的一种方法。

"直除法"一般适用于两种形式的题目：

(1) 多个分数比较时，在量级相当的情况下，首位最大/小的数为最大/小数；

(2) 计算一个分数或者除法时，在选项首位不同的情况下，通过计算首位便可以选出正确答案。

"直除法"从难度大小上来讲一般分为三种梯度：

(1) 直接就能看出商的首位；

(2) 通过简单动手计算能看出商的首位；

(3) 某些比较复杂的分数，需要计算分数的"倒数"的首位来判定答案。

例子：

比较下列分数：4103/32409、4701/32895、3413/23955、1831/12894 中，最大的数是哪个？

解答：

因为是分数，比较大小不方便，我们可以比较它们的倒数，看谁最小。而通过直除法，得出其中 32409/4103、23955/3413、12894/1831 都比 7 大，而 32895/4701

比 7 小，所以，这四个数的倒数当中最小的数是 32895/4701。所以 4701/32895 最大。

任意数除以 5 的速算技巧

方法：

除数增加两倍，商×2。

或者：被除数除以 10，再乘以 2。

再或者：被除数乘以 2，再除以 10。

例子：

计算 95÷5=_____

将被除数乘以 2

得到 95×2

结果是 190

再除以 10

所以 95÷5=190÷10=19

扩展：除数以 5 结尾的速算技巧

我们学过，如果被除数和除数同时乘以或除以一个相同的数(这个数不等于零)，那么所得的商不变。这就是商不变的性质。根据这个性质，可以使一些除法算式计算简便。

方法：

将被除数和除数同时乘以一个数，使得除数变成容易计算的数字。

例子：

计算 10625÷625=_____

将被除数和除数同时乘以 16

得到 170000÷10000

结果是 17

所以 10625÷625=17

连除式题的速算技巧

我们学过乘法交换律。交换因数的位置积不变。在连除式题中也同样可以交换除数的位置，商不变。

所以，在连除运算中有这样的性质：一个数除以另一个数所得的商，再除以第三个数，等于第一个数除以第三个数所得的商，再除以第二个数。

用字母表示为：$a÷b÷c=a÷c÷b$

另外，在连除运算中，还可以利用添括号法则来进行速算和巧算。

在连除算式中，一个数除以另一个数所得的商再除以第三个数，等于第一个数除以第二、第三两个数的积。即添上括号后，因为括号前面是除号，所以括号中的运算符号要变为乘号。

用字母表示为：$a÷b÷c=a÷(b×c)$

利用这个法则可以把两个除数相乘。如果积是整十、整百、整千，则可以使计算简便。

利用这两个性质可以使连除运算简便。

方法：

(1) $a÷b÷c=a÷c÷b$

(2) $a÷b÷c=a÷(b×c)$

例子：

24024÷4÷6=_____

原式=24024÷(4×6)

　　=24024÷24

　　=1001

所以 24024÷4÷6=1001

▶ **巧用补数做除法**

如果除数接近整千或整万时，用补数做除法计算其商就非常简单。

方法：

(1) 用除数的补数与被除数相乘的积写在被除数下面(末位对齐)，然后向右移位，除数是几位数就向被除数的右边移动几位。

(2) 如果要求的精确度比较高，则用除数的补数乘以上一步的积。所得之积写在上一步的乘积下面，向右再移位，以此类推！

(3) 被除数与几个移位后的"乘积"相加求和即可。最后根据除法定位法加上小数点，再四舍五入。便是其商！

例子：

计算 1024÷98=_____(结果精确到小数点后 4 位)

首先写下被除数 1024

然后计算出除数的补数为 2

1024×2=2048

将 2048 写在上面写下的被除数 1024 的下面，向右移位 2 位，如下：

1 0 2 4

    2 0 4 8

如果精度不够，可以继续这一步骤，写成：

    1 0 2 4

       2 0 4 8

           4 0 9 6

              8 1 9 2

将其相加，得到：

    1 0 2 4

       2 0 4 8

           4 0 9 6

   +   8 1 9 2

————————————————

   1 0 4 4 8 9 7 7 9 2

根据除法定位法(下面我们会讲到)，商的整数应是 2 位，因为商要求精确到小数点后四位数，所以其商便是 10.4490。

扩展阅读

除法的定位法

在用补数法做除法时，商的定位非常重要，否则即使你计算准确，整数的定位错误的话，也将前功尽弃。

商的定位法共有两种。

直减法

方法：

在一个除法算式里，当被除数的首位数小于除数的首位数时，商的整数位数，应当是被除数的整数位数，减去除数的整数位数。

公式：$j=b-c$

j 代表商的整数位数，b 代表被除数的整数位数，c 代表除数的整数位数。

例子：

判断 2915÷332 的商的整数位数是几？

因为被除数 2915 的首位数是 2，小于除数 332 的首位数 3，所以商的整数位数应当是被除数的整数位数减去除数的整数位数。即：4 位-3 位=1 位

所以 2915÷332 的商的整数位数是 1 位。

加 1 法

方法：

在一个除法算式里，如果被除数的首位数大于除数的首位数时，商的整数位数应当是被除数的整数位数，减去除数的整数位数后再加 1。

公式：$j=b-c+1$ 位

j 代表商的整数位数，b 代表被除数的整数位数，c 代表除数的整数位数。

例子：

判断 4237.8÷25.1 的商的整数位数是几？

因为被除数 4237.8 的首位数 4，大于除数 25.1 的首位数 2，所以商的整数位数应当是被除数的整数位数，减去除数的整数位数后再加一位。即：4 位-2 位+1 位=3 位。

所以 4237.8÷25.1 的商的整数位数是 3。

▶ 任意数字与 4 相除

方法：

(1) 先除以 2。

(2) 再除以 2。

例子：

计算 252÷4=_____

将被除数除以 2

得到 252÷2=126

再除以 2

得到 126÷2=63

所以 252÷4=63

▶ **如果除数是9**

方法：

(1) 被除数的第一位保持不变。

(2) 每一位依次与被除数的下一位相加。

(3) 用最后一步得出的数除以9，加到前面的数字中。

(4) 如果相加后超过10，则需进位；如果上一步除以9有余数，则表示除不尽，这个余数即为原问题的余数。

例子：

计算 1812159÷9=_____

第一位保持不变，为1

用这个1与被除数的第二位相加得到：1+8=9

用这个9与被除数的第三位相加得到：9+1=10

依次类推……下几位分别是 12、13、18

最后得出的数字为 18+9=27

用这个 27÷9=3

把上一步得到的3加到前面的数字当中(记得进位)

得到 201348+3=201351

所以 1812159÷9=201351

▶ **用截位法求多位数除法**

通过截位法，可以把多位数除法变为多位数与两位数甚至一位数相除的除法，这样可以通过简单口算就得到结果，避免了复杂易错的计算过程。

方法：

(1) 先把多位数除法写成分数的形式，并估算出大致结果(根据精确度要求可以适当精确)。

(2) 截分母：先把多位数的分母的左数第三位四舍五入，然后截去左数第三位及以后的数字，使分母变为2位。

(3) 根据第一步估算的大致倍数关系和第二步所截的数确定分子的截位数。本质上就是使分子分母同时扩大或缩小的百分比一样。

(4) 把多位数除法变成除数为两位的除法(如果要求的精确度不高，也可以截位成分母是一位数，将大大简化计算过程)。

例子：

计算 84135÷2112=_____(保留 2 位小数)

通过简单估算，大致结果为 40

分母 2112 截位成为 21，截去 12

所以分子要减去 12×40=480，变成 83655

所以原式就变成了 836.55÷21≈39.84

而实际上 84135÷2112≈39.84，误差非常小。

所以 84135÷2112=39.84

如果要求的精确度不高，分子也是可以截的。也就是说，把分子也截掉分母截掉的位数(注意四舍五入和结果的精确度)。

▶ 两位数除以一位数

方法：

(1) 把除数变成 $10-a$ 的形式。

(2) 用被除数除以 10，得出第一个商(计算被除数中含有多少个 10)，并记下余数。

(3) 用第一个商乘以 a，加上余数，除以除数，得到第二个商，并记下余数。

(4) 把前面两个商相加即为最后的商，第二个余数为余数。

例子：

计算 81÷8=_____

原式变成：81÷(10-2)

用 81÷10=8······1

计算 8×2+1=17

17÷8=2······1

最后的商等于 8+2=10，余数为 1

所以 81÷8=10······1

▶ 三位数除以一位数

方法：

(1) 把除数变成 $10-a$ 的形式。

(2) 用被除数除以 10，得出第一个商(计算被除数中含有多少个 10)，并记下余数。

(3) 用第一个商乘以 a，加上余数，除以除数，得到第二个商，并记下余数。

(4) 把前面两个商相加即为最后的商，第二个余数为余数。

例子：

计算 191÷8=_____

原式变成：191÷(10-2)

用 191÷10=19……1

计算 19×2+1=39

39÷8=4……7

最后的商等于 19+4=23……7

所以 191÷8=23……7

注意：

此方法可扩展到多位数除以一位数。

▶ **两位数除以两位数**

方法：

(1) 把除数变成整十-a 的形式。

(2) 用被除数除以整十数，得出第一个商(计算被除数中含有多少个整十数)，并记下余数。

(3) 用第一个商乘以 a，加上余数，除以除数，得到第二个商，并记下余数。

(4) 把前面两个商相加即为最后的商，第二个余数为余数。

例子：

计算 71÷15=_____

原式变成：71÷(20-5)

用 71÷20=3……11

计算 3×5+11=26

26÷15=1……11

最后的商等于 3+1=4，余数为 11

所 71÷15=4……11

▶ **三位数除以两位数**

方法：

(1) 把除数变成整十-a 的形式。

(2) 用被除数除以整十数，得出第一个商(计算被除数中含有多少个整十数)，并记下余数。

(3) 用第一个商乘以 a，加上余数，除以除数，得到第二个商，并记下余数。

(4) 把前面两个商相加即为最后的商，第二个余数为余数。

例子：

计算 811÷89=_____

原式变成：811÷(90-1)

用 811÷90=9……1

计算 9×1+1=10

10÷89=0……10

最后的商等于 9+0=9，余数为 10

所以 811÷89=9……10

注意：

此方法可扩展到多位数除以两位数。

▶ **如果被除数与除数都是偶数**

方法：

(1) 被除数和除数同时除以 2。

(2) 如果还都是偶数就再同时除以 2。以此类推。

例子：

计算 1800÷24=_____

将被除数和除数都除以 2

得到 1800÷24=900÷12

再同时除以 2

=450÷6

=225÷3

=75

所以 1800÷24=75

➡️ 一位数除法运算

除数是 2 的运算口诀：
除 2 折半读得数。

除数是 3 的运算口诀：

> 除 3 一定仔细算；
> 余 1 余 2 有循环；
> 余 2 循环 666；
> 余 1 循环 333；
> 小数要求留几位？
> 余 1 要舍余 2 进。

除数是 4 的运算口诀：

> 除 4 得整也有余，
> 按余大小读小数，
> 余 1 便是点 25；
> 余 2 定是点 50；
> 余 3 就是点 75；
> 不需计算便知数。

除数是 5 的运算口诀：

> 任何数除以 5，
> 等于 2 倍除以 10。

除数是 6 的运算口诀：

> 除 6 得整还有余，
> 按余大小读小数，
> 余 1 循环 166；
> 余 2 小数 3 循环；
> 余 3 小数是点 5；
> 余 4 小数 6 循环；
> 余 5 循环 833；

先看小数留几位；

决定是舍还是进。

除数是 7 的运算口诀：

整数需要认真除；

余数循环六位数；

余 1 循环 142857；

余 2，14 后面搬；(285714)

余 3 将头按在尾；(428671)

余 4，57 移前面；(571428)

余 5 将尾按在首；(714285)

余 6 分半前后移。(857142)

先看小数留几位；

决定是舍还是进。

除数是 8 的运算口诀：

8 除有整还有余；

余 1 小数点 125；

余 2 小数是点 25；

余 3 小数点 375；

余 4 它是点 5 数；

余 5 小数点 625；

余 6 小数是点 75；

余 7 小数点 878；

8 的余数虽然大；

但是都能除尽它。

除数是 9 的运算口诀：

任何数字除以 9；

余几小数循环几。

需看小数留几位；

决定是舍还是进。

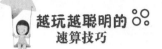

5. 乘方问题

▶ 平方的一些性质

平方是一种特殊的乘法，很多数的平方算法是有规律的，我们掌握了这些规律并且记住一些常用的平方结果之后，把普通的乘法转换成乘方运算就可以大大简化计算过程。

所谓平方数也叫作完全平方数，就是指这个数是某个整数的平方。也就是说一个数如果是另一个整数的平方，那么我们就称这个数为完全平方数。

例如，表 1-4 所示。

表 1-4

$1^2=1$	$2^2=4$	$3^2=9$
$4^2=16$	$5^2=25$	$6^2=36$
$7^2=49$	$8^2=64$	$9^2=81$
$10^2=100$	……	

完全平方数性质：

观察这些完全平方数，我们可以发现它们的个位数、十位数、数字和等存在一定的规律性。根据这些规律，我们可以总结出完全平方数的一些常用性质：

性质 1：完全平方数的末位数只能是 1、4、5、6、9 或者 00。

换句话说，一个数字如果以 2、3、7、8 或者单个 0 结尾，那这个数一定不是完全平方数。

性质 2：奇数的平方的个位数字为奇数，偶数的平方的个位数字一定是偶数。

证明：

奇数必为下列五种形式之一：

$10a+1$，$10a+3$，$10a+5$，$10a+7$，$10a+9$。

分别平方后，得：

$(10a+1)^2=100a^2+20a+1=20a(5a+1)+1$

$(10a+3)^2=100a^2+60a+9=20a(5a+3)+9$

$(10a+5)^2=100a^2+100a+25=20(5a^2+5a+1)+5$

$(10a+7)^2=100a^2+140a+49=20(5a^2+7a+2)+9$

$(10a+9)^2=100a^2+180a+81=20(5a^2+9a+4)+1$

综上各种情形可知：奇数的平方，个位数字为奇数 1、5、9；十位数字为偶数。

同理可证明偶数的平方的个位数字一定是偶数。

性质 3：如果完全平方数的十位数字是奇数，则它的个位数字一定是 6；反之，如果完全平方数的个位数字是 6，则它的十位数字一定是奇数。

推论 1：如果一个数的十位数字是奇数，而个位数字不是 6，那么这个数一定不是完全平方数。

推论 2：如果一个完全平方数的个位数字不是 6，则它的十位数字是偶数。

性质 4：偶数的平方是 4 的倍数；奇数的平方是 4 的倍数加 1。

这是因为 $(2k+1)^2 = 4k(k+1)+1$

$(2k)^2 = 4k^2$

性质 5：奇数的平方是 $8n+1$ 型；偶数的平方为 $8n$ 或 $8n+4$ 型。

在性质 4 的证明中，由 $k(k+1)$ 一定为偶数可得到 $(2k+1)^2$ 是 $8n+1$ 型的数；由为奇数或偶数可得 $(2k)^2$ 为 $8n$ 型或 $8n+4$ 型的数。

性质 6：平方数的形式必为下列两种之一：$3k, 3k+1$。

因为自然数被 3 除按余数的不同可以分为三类：$3m, 3m+1, 3m+2$。平方后，分别得到：

$(3m)^2 = 9m^2 = 3k$

$(3m+1)^2 = 9m^2 + 6m + 1 = 3k+1$

$(3m+2)^2 = 9m^2 + 12m + 4 = 3k+1$

性质 7：不是 5 的因数或倍数的数的平方为 $5k+/-1$ 型，是 5 的因数或倍数的数的平方为 $5k$ 型。

性质 8：平方数的形式具有下列形式之一：$16m, 16m+1, 16m+4, 16m+9$。

记住完全平方数的这些性质有利于我们判断一个数是不是完全平方数。为此，我们要记住以下结论：

(1) 个位数是 2、3、7、8 的整数一定不是完全平方数。

(2) 个位数和十位数都是奇数的整数一定不是完全平方数。

(3) 个位数是 6，十位数是偶数的整数一定不是完全平方数。

(4) 奇数的平方的十位数字为偶数；奇数的平方的个位数字是奇数；偶数的平方的个位数字是偶数。

(5) 除以 3 的余数只能是 0 或 1；形如 $3n+2$ 型的整数一定不是完全平方数。

(6) 除以 4 的余数只能是 0 或 1；形如 $4n+2$ 和 $4n+3$ 型的整数一定不是完全平方数。

(7) 形如 $5n\pm2$ 型的整数一定不是完全平方数。

(8) 形如 $8n+2$，$8n+3$，$8n+5$，$8n+6$，$8n+7$ 型的整数一定不是完全平方数。

(9) 约数个数为奇数；否则不是完全平方数。

(10) 两个相邻整数的平方之间不可能再有完全平方数。

常用的平方公式：

(1) 平方差公式：$x^2-y^2=(x-y)(x+y)$

(2) 完全平方和公式：$(x+y)^2=x^2+2xy+y^2$

(3) 完全平方差公式：$(x-y)^2=x^2-2xy+y^2$

常用的平方数：

牢记一些常用的平方数，特别是 11～30 以内的数的平方，可以很好地提高计算速度：

$11^2=121$

$12^2=144$

$13^2=169$

$14^2=196$

$15^2=225$

$16^2=256$

$17^2=289$

$18^2=324$

$19^2=361$

$20^2=400$

$21^2=441$

$22^2=484$

$23^2=529$

$24^2=576$

$25^2=625$

$26^2=676$

$27^2=729$

$28^2=784$

$29^2=841$

$30^2=900$

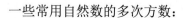

一些常用自然数的多次方数：

记住一些常用的乘方数，特别是 11～30 以内的数的平方，可以很好地提高计算速度。如表 1-5 所示。

表 1-5

底数	2 次方	3 次方	4 次方	5 次方	6 次方	7 次方	8 次方	9 次方	10 次方
2	4	8	16	32	64	128	256	512	1024
3	9	27	81	243	729	2187	6561		
4	16	64	256	1024	4096				
5	25	125	625	3125					
6	36	216	1296	7776					
7	49	343	2401						
8	64	512	4096						
9	81	729	6561						
10	100	1000	10000						
11	121	1331							
12	144	1728							
13	169	2197							
14	196	2744							
15	225	3375							
16	256	4096							
17	289	4913							
18	324	5832							
19	361	6859							
20	400	8000							
21	441								
22	484								
23	529								
24	576								
25	625								
26	676								
27	729								
28	784								
29	841								
30	900								

▶ **尾数为 5 的两位数的平方**

方法：

(1) 两个乘数的个位上的 5 相乘得到 25。

(2) 十位相乘时应按 $N×(N+1)$ 的方法进行，得到的积直接写在 25 的前面。

如 $a5×a5$，则先得到 25，然后计算 $a×(a+1)$ 放在 25 前面即可。

例子：

计算 95×95=_____

$$9×(9+1)=90$$

所以 95×95=9025

注意：

本题运用的方法不是凑整法，之所以放在这里，是因为它是后面几种题型的基础。

扩展 1：尾数为 6 的两位数的平方

我们知道尾数为 5 的两个两位数的平方计算方法：

(1) 两个乘数的个位上的 5 相乘得到 25。

(2) 十位相乘时应按 $N×(N+1)$ 的方法进行，得到的积直接写在 25 的前面。

如 $a5×a5$，则先得到 25，然后计算 $a×(a+1)$ 放在 25 前面即可。

现在我们来学习尾数为 6 的两位数的平方算法。

方法：

(1) 先算出这个数减 1 的平方数。

(2) 算出这个数与比这个数小 1 的数的和。

(3) 前两步的结果相加，即可。

例子：

计算 96^2=_____

$$95^2=9025$$
$$96+95=191$$
$$9025+191=9216$$

所以 $96^2=9216$

扩展 2：尾数为 7 的两位数的平方

方法：

(1) 先算出这个数减 2 的平方数。

(2) 算出这个数与比这个数小 2 的数的和的 2 倍。

(3) 前两步的结果相加，即可。

例子：

计算 $57^2=$ _____

$$55^2=3025$$

$$(57+55)\times2=224$$

$$3025+224=3249$$

所以 $57^2=3249$

扩展阅读

相邻两个自然数的平方差是多少？

学过平方差公式的同学们应该很容易就可以回答出这个问题。

$$b^2-a^2=(b+a)(b-a)$$

所以差为 1 的两个自然数的平方差为：

$$(a+1)^2-a^2=(a+1)+a$$

差为 2 的两个自然数的平方差为：

$$(a+2)^2-a^2=[(a+2)+a]\times2$$

同理，差为 3 的也可以计算出来。

扩展 3：尾数为 8 的两位数的平方

方法：

(1) 先凑整算出这个数加 2 的平方数。

(2) 算出这个数与比这个数大 2 的数的和的 2 倍。

(3) 前两步的结果相减，即可。

例子：

计算 $58^2=$ _____

$$60^2=3600$$

$$(58+60)\times2=236$$

$$3600-236=3364$$

所以 $58^2=3364$

尾数为 1、2、3、4 的两位数的平方数与上面这种方法相似，只需找到相应的尾数为 5 或者尾数为 0 的整数即可。

另外不止两位数适用本方法，其他的多位数平方同样适用。

扩展 4：尾数为 9 的两位数的平方

方法：

(1) 先凑整算出这个数加 1 的平方数。

(2) 算出这个数与比这个数大 1 的数的和。

(3) 前两步的结果相减，即可。

例子：

计算 $59^2 = $ _____

$$60^2 = 3600$$
$$59 + 60 = 119$$
$$3600 - 119 = 3481$$

所以 $59^2 = 3481$

▶ 尾数为 1 的两位数的平方

方法：

(1) 底数的十位数乘以十位数(即十位数的平方)。

(2) 底数的十位数加十位数(即十位数乘以 2)。

(3) 将前面两步的结果相加再加 1。

例子：

计算 $31^2 = $ _____

$$30 \times 30 = 900$$
$$30 \times 2 = 60$$

所以 $31^2 = 961$

注意：

可参阅乘法速算中的"尾为是 1 的两位数相乘"。

▶ **25~50 间的两位数的平方**

方法：

(1) 用底数减去 25，得数为前积(千位和百位)。

(2) 50 减去底数所得的差的平方作为后积(十位和个位)，满百进 1，没有十位补 0。

例子：

计算 $42^2=$＿＿＿＿

$$42-25=17$$
$$(50-42)^2=64$$

所以 $42^2=1764$

▶ **心算 11~19 的平方**

方法：

(1) 以 10 为基准数，计算出要求的数与基准数的差。

(2) 利用公式 $1a^2=1a+a/a^2$ 求出平方(用 $1a$ 来表示十位为 1，个位为 a 的数字)。

(3) 斜线只作区分之用，后面只能有 1 位数字，超出部分进位到斜线前面。

例子：

计算 $14^2=$＿＿＿＿

$$14^2=14+4/4^2$$
$$=18/16$$
$$=196(进位)$$

所以 $14^2=196$

扩展 1：心算 21~29 的平方

方法：

(1) 以 20 为基准数，计算出要求的数与基准数的差。

(2) 利用公式 $2a^2=2\times(2a+a)/a^2$ 求出平方(用 $2a$ 来表示十位为 2，个位为 a 的数字)。

(3) 斜线只作区分之用，后面只能有 1 位数字，超出部分进位到斜线前面。

例子：

计算 $24^2=$＿＿＿＿

$$24^2=2\times(24+4)/4^2$$
$$=56/16$$
$$=576(进位)$$

所以 $24^2=576$

扩展 2：心算 31～39 的平方

方法：

(1) 以 30 为基准数，计算出要求的数与基准数的差。

(2) 利用公式 $3a^2=3\times(3a+a)/a^2$ 求出平方(用 $3a$ 来表示十位为 3，个位为 a 的数字)。

(3) 斜线只作区分之用，后面只能有 1 位数字，超出部分进位到斜线前面。

例子：

计算 $34^2=$ _____

$$34^2=3\times(34+4)/4^2$$
$$=114/16$$
$$=1156(进位)$$

所以 $34^2=1156$

扩展阅读

运用上面的公式，你应该可以很容易地计算出 41～99 的平方数，它们的方法都是类似的。

公式：

$$4a^2=4\times(4a+a)/a^2$$
$$5a^2=5\times(5a+a)/a^2$$
$$6a^2=6\times(6a+a)/a^2$$
$$7a^2=7\times(7a+a)/a^2$$
$$8a^2=8\times(8a+a)/a^2$$
$$9a^2=9\times(9a+a)/a^2$$

例子：

计算 $96^2=$ _____

$$96^2=9\times(96+6)/6^2$$
$$=918/36$$

=9216(进位)

所以 96^2=9216

用基准数法算三位数的平方

方法：

(1) 以 100 的整数倍为基准数，计算出要求的数与基准数的差。并将差的平方的后两位作为结果的后两位，如果超出两位则记下这个进位。

(2) 将要求的数与差相加，乘以这个整数倍。如果上一步有进位，则加上进位，与上一步的后两位合在一起作为结果。

(3) 斜线只作区分之用，后面只能有 1 位数字，超出部分进位到斜线前面。

例子：

计算 489^2=_____

基准数为 500

$$489-500=-11$$
$$(-11)^2=121$$
$$489-11=478$$
$$478×5=2390$$

所以结果为 2390/121

进位后得到 239121

所以 489^2=239121

用基准数法算两位数的立方

方法：

(1) 以 10 的整数倍为基准数，计算出要求的数与基准数的差。

(2) 将要求的数与差的 2 倍相加。

(3) 将第二步的结果乘以基准数的平方。

(4) 将第二步的结果减去基准数，乘以差，再乘以基准数。

(5) 计算出差的立方。

(6) 将 3、4、5 步的结果相加，即可。

例子：

计算 37^3=_____

基准数为 40

$$37-40=-3$$
$$37+(-3)\times2=31$$
$$31\times40^2=49600$$
$$(31-40)\times(-3)\times40=1080$$
$$(-3)^3=-27$$

结果为 49600+1080-27=50653

所以 $37^3=50653$

▶ 任意两位数的平方

方法:

(1) 用 ab 来表示要计算平方的两位数,其中 a 为十位上的数,b 为个位上的数。

(2) 结果的第一位为 a^2,第二位为 $2ab$,第三位为 b^2。

(3) 斜线只作区分之用,后面只能有 1 位数字,超出部分进位到斜线前面。

例子:

计算 $57^2=$_____

$$5^2/2\times5\times7/7^2$$

$$25/70/49$$

进位后结果为 3249

所以 $57^2=3249$

扩展:任意三位数的平方

方法:

(1) 用 abc 来表示要计算平方的三位数,其中 a 为百位上的数,b 为十位上的数,c 为个位上的数。

(2) 结果的第一位为 a^2,第二位为 $2ab$,第三位为 $2ac+b^2$,第四位为 $2bc$,第五位为 c^2。

(3) 斜线只作区分之用,后面只能有 1 位数字,超出部分进位到斜线前面。

例子:

计算 $568^2=$_____

$$5^2/2\times5\times6/2\times5\times8+6^2/2\times6\times8/8^2$$

$$25/60/116/96/64$$

进位后结果为 322624

所以 $568^2=322624$

▶ 用因式分解求两位数平方

方法:

(1) 把 a^2 写成 $a^2-b^2+b^2$ 的形式(其中 b 为 a 的个位数或者向上取整的补数)。

(2) 分别算出 $a^2-b^2=(a+b)(a-b)$ 和 b^2 的值,相加即可。

例子:

计算 $57^2=$ _____

$$57^2=(57+7)(57-7)+7^2$$
$$=3200+49$$
$$=3249$$

或者:

$$57^2=(57+3)(57-3)+3^2$$
$$=3240+9$$
$$=3249$$

所以 $57^2=3249$

扩展:用因式分解求三位数平方

方法:

(1) 把 a^2 写成 $a^2-b^2+b^2$ 的形式(其中 b 为 a 的个位数和十位数或者向上取整的补数)。

(2) 分别算出 $a^2-b^2=(a+b)(a-b)$ 和 b^2 的值,相加即可。

例子:

计算 $597^2=$ _____

$$597^2=(597+3)(597-3)+3^2$$
$$=356400+9$$
$$=356409$$

所以 $597^2=356409$

注意:

此方法适用于所有三位数,但为了计算方便,这个方法更适用于接近整百的数的平方。

▶ **任意两位数的立方**

方法：

(1) 把要求立方的这个两位数用 ab 表示。其中 a 为十位上的数字，b 为个位上的数字。

(2) 分别计算出 a^3，a^2b，ab^2，b^3 的值，写在第一排。

(3) 将上一排中中间的两个数 a^2b，ab^2 分别乘以2，写在第二排对应的 a^2b，ab^2 下面。

(4) 将上面两排数字相加，所得即为答案(注意进位)。

例子：

计算 $21^3=$ _____

$$a=2，b=1$$
$$a^3=1，a^2b=2，ab^2=4，b^3=8$$

8	4	2	1
	8	4	

_____

| 8 | 12 | 6 | 1 |

进位： 9　　2　　6　　1

所以 $21^3=9261$

▶ **用因式分解求两位数的立方**

方法：

(1) 把 a^3 写成 $a^3-ab^2+ab^2$ 的形式(其中 b 为 a 的个位数或者向上取整的补数)。

(2) 因为 $a^3-ab^2=a(a+b)(a-b)$，所以分别算出 $a(a+b)(a-b)$ 和 ab^2 的值，相加即可。

例子：

计算 $27^3=$ _____

$$27^3=27\times(27+3)\times(27-3)+27\times3^2$$
$$=27\times30\times24+27\times9$$
$$=19440+243$$
$$=19683$$

所以 $27^3=19683$

▶ 任意三位数的平方

我们可以把三位数拆分成一个一位数和一个两位数，再运用两位数的乘方方法来计算。

方法：

(1) 用 $a×100+b$ 来表示要计算平方的数，其中 a 为整百的数，b 为十位和个位上的数。

(2) 结果为 $(100a)^2+2×100a×b+b^2$。

或者：

(1) 用 $a×10+b$ 来表示要计算平方的数，其中 a 为整十的数，b 为个位上的数。

(2) 结果为 $(10a)^2+2×10a×b+b^2$。

注意：

选择哪种拆分方法看怎么拆平方更好算。

例子：

计算 $915^2=$_____

$$900^2=810000$$
$$2×900×15=27000$$
$$15^2=225$$

结果为 810000+27000+225=837225

或：

$$910^2=828100$$
$$2×910×5=9100$$
$$5^2=25$$

结果为 828100+9100+25=837225

所以 $915^2=837225$

▶ 任意四位数的平方

我们把四位数拆分成两个两位数，运用两位数的乘方方法来计算。

方法：

(1) 用 $a×100+b$ 来表示要计算平方的数，其中 a 为整百的数，b 为十位和个位上的数。

(2) 结果为 $(100a)^2+2\times100a\times b+b^2$。

例子：

计算 $2511^2=$ _____

$$2500^2=6250000$$
$$2\times2500\times11=55000$$
$$11^2=121$$

结果为 $6250000+55000+121=6305121$

所以 $2511^2=6305121$

▶ **中间有 0 的三位数的平方**

方法：

(1) 用 $a0b$ 来表示要计算平方的数，其中 a 为 0 前面的数，b 为 0 后面的数。

(2) 结果为 $a^2\times10000+2ab\times100+b^2$。

例子：

计算 $103^2=$ _____

$$1^2\times10000=10000$$
$$2\times1\times3\times100=600$$
$$3^2=9$$

结果为 $10000+600+9=10609$

所以 $103^2=10609$

▶ **中间有 0 的四位数的平方 1**

方法：

(1) 用 $a0b$ 来表示要计算平方的数，其中 a 为 0 前面的数(a 为两位数)，b 为 0 后面的数(b 为一位数)。

(2) 结果为 $a^2\times10000+2ab\times100+b^2$。

例子：

计算 $1103^2=$ _____

$$11^2\times10000=1210000$$
$$2\times11\times3\times100=6600$$
$$3^2=9$$

结果为 1210000+6600+9=1216609

所以 1103^2=1216609

▶ 中间有 0 的四位数的平方 2

方法：

(1) 用 $a0b$ 来表示要计算平方的数，其中 a 为 0 前面的数(a 为一位数)，b 为 0 后面的数(b 为两位数)。

(2) 结果为 $a^2 \times 1000000 + 2ab \times 1000 + b^2$。

例子：

计算 2025^2=_____

$$2^2 \times 1000000 = 4000000$$
$$2 \times 2 \times 25 \times 1000 = 100000$$
$$25^2 = 625$$

结果为 4000000+100000+625=4100625

所以 2025^2=4100625

▶ 以"10"开头的三四位数平方

方法：

(1) 计算出"10"后面数的平方。

(2) 将"10"后面的数字乘以 2 再扩大 100 倍(三位数)或 1000 倍(四位数)。

(3) 将前两步所得结果相加，再加上 10000(三位数)或 1000000(四位数)。

例子：

计算 1024^2=_____

$$24 \times 24 = 576$$
$$24 \times 2 \times 1000 = 48000$$
$$1000000 + 48000 + 576 = 1048576$$

所以 1024^2=1048576

▶ 十位是 5 的两位数的平方

方法：

(1) 前两位为个位加 25。

(2) 后两位为个位数的平方。不足两位补 0。

例子：

计算 $55^2=$ _____

$$5+25=30$$
$$5×5=25$$

所以 $55^2=3025$

6. 开方问题

求完全平方数的平方根

前面我们介绍了完全平方数的性质和判断方法，除此之外，要找出一个完全平方数的平方根，还要弄清以下两个问题：

(1) 如果一个完全平方数的位数为 n，那么，它的平方根的位数为 $n/2$ 或 $(n+1)/2$。

(2) 记住表 1-6 中的对应数。只有了解这些对应数，才能找到平方根。

表 1-6

数　字	对　应　数
a	a^2
ab	$2ab$
abc	$2ac+b^2$
$abcd$	$2ad+abc$
$abcde$	$2ae+2bd+c^2$
$abcdef$	$2af+2be+2cd$

方法：

(1) 先根据被开方数的位数计算出结果的位数。

(2) 将被开方数的各位数字分成若干组(如果位数为奇数，则每个数字各成一组；如位数为偶数，则前两位为一组，其余数字各成一组)。

(3) 看第一组数字最接近哪个数的平方，找出答案的第一位数(答案第一位数的平方一定要不大于第一组数字)。

(4) 将第一组数字减去答案第一位数字的平方所得的差，与第二组数字组成的数字作为被除数，答案的第一位数字的 2 倍作为除数，所得的商为答案的第二位数字，余数则与下一组数字作为下一步计算之用(如果被开方数的位数不超过 4 位，到这一步即可结束)。

(5) 将上一步所得的数字减去答案第二位数字的对应数(如果结果为负数，则将上一步中得到的商的第二位数字减 1 重新计算)，所得的差作为被除数，依然以答案的第一位数字的 2 倍作为除数，商即为答案的第三位数字(如果被开方数为 5 位或 6 位，则会用到此步。7 位以上过于复杂我们暂且忽略)。

例子：

计算 18496 的平方根。

因为被开方数为 5 位，根据前面的公式：

平方根的位数应该为(5+1)÷2=3 位

因为位数为 5，奇数，所以每个数字各成一组：

分组得：1　　8　　4　　9　　6

找出答案的第一位数字：1^2=1 最接近 1，所以答案的第一位数字为 1。

将 1 写在与第一组数字 1 对应的下面，$1-1^2$=0，写在 1 的右下方，与第二组数字 8 构成被除数 8。1×2=2 为除数写在最左侧。

	1	8	4	9	6
2	0				
	1				

8÷2=4…0，把 4 写在第二组数字 8 下面对应的位置，作为第二位的数字。余数 0 写在第二组数字 8 的右下方。

	1	8	4	9	6
2	0	0			
	1	4			

因为答案第二位的对应数为 4^2=16，4-16 为负数，所以将上一步得到的答案第二位改为 3。

	1	8	4	9	6
2	0	2			
	1	3			

减去对应数后，$24-3^2$=15，15 除以除数 2 等于 7。

	1	8	4	9	6
2	0	2	1		
	1	3	7		

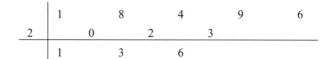

此时发现 19 减去 37 的对应数依然是负数，所以将上一位的 7 改为 6。此时减去对应数后才不是负数。

这样就得到了答案，即 18496 的平方根为 136。

▶ 求完全立方数的立方根

相对来说，完全立方数的立方根要比完全平方数的平方根计算起来简单得多。但是，我们首先还是要先了解一下计算立方根的背景资料。如表 1-7 所示。

表 1-7

$1^3=1$	$2^3=8$	$3^3=27$
$4^3=64$	$5^3=125$	$6^3=216$
$7^3=343$	$8^3=512$	$9^3=729$
$10^3=1000$	……	

观察这些完全立方数，你会发现一个很有意思的特点：1～9 的立方的末位数也分别是 1～9，不多也不少。而且 2 的立方尾数为 8，而 8 的立方尾数为 2；3 的立方尾数为 7，而 7 的立方尾数为 3；1、4、5、6、9 的立方的尾数依然是 1、4、5、6、9；10 的立方尾数有 3 个 0。记住这些规律对我们求解一个完全立方数的立方根是有好处的。

方法：

(1) 将立方数排列成一横排，从最右边开始，每三位数加一个逗号。这样一个完全立方数就被逗号分成了若干个组。

(2) 看最右边一组的尾数是多少，从而确定立方根的最后一位数。

(3) 看最左边一组，看它最接近哪个数的立方(这个数的立方不能大于这组数)，从而确定立方根的第一位数。

(4) 这个方法对于位数不多的求立方根的完全立方数比较适用。

例子：

求 17576 的立方根。

17，576
2   6

先看后三位数，尾数为 6，所以立方根的尾数为 6。

再看逗号前面为 17，而 $2^3=8$，$3^3=27$ 就大于 17 了，所以立方根的第一位是 2。

所以 17576 的立方根为 26。

▶ 用尾数法确定完全平方数的平方根

平方根，又叫二次方根，其中属于非负数的平方根称为算术平方根。一个正数有两个实平方根，它们互为相反数；0 只有一个平方根，就是 0 本身；负数有两个共轭的纯虚平方根。

如果我们知道了一个数的算数平方根，根据相反数的算法，就可以很容易知道另外一个平方根。

所以，在这里我们讨论一下一个完全平方数的算数平方根的算法。

尾数法是指在遇到数字偏大、运算量过大的选择题目时，如果选项的尾数各不相同，可以在不直接完全计算出算式各项值的情况下(有的时候也可能是无法计算出)，只计算算式的尾数，从而在答案的选项中找出有该尾数的选项。

尾数法是数学速算巧算中常用的方法之一。适时适当的运用尾数法能极大地简化运算过程。熟练运用尾数法可以使我们的计算事半功倍。

例子：

$1+2+3+4+\cdots+n=2005003$，则自然数 n 等于多少？

A. 2000　　　B. 2001　　　C. 2002　　　D. 2003

此题为自然数列求和，给出了数列和要求出 n。如果应用等差数列求和公式，$(n+1)n=4010006$。要求这个方程，直接算出 n 的数值，无疑非常麻烦。所以我们运用尾数法。对比选项，可以发现只有 $(2002+1)\times2002$ 的尾数为 6，故答案为 C。

尾数法一般适用于加、减、乘(方)等情况的运算。另外，在数学运算中，还可以用尾数法来验证计算结果。

方法：

(1) 确定一个完全平方数的算数平方根的大致范围。

(2) 以尾数定根。

完全平方数的尾数	1	4	9	6	5
平方根可能的尾数	1、9	2、8	3、7	4、6	5

例子：

求 2304 的算数平方根

设这个算数平方根为 a。首先我们确定一下这个完全平方数的算数平方根的大致范围：

我们知道 $40^2=1600$，$50^2=2500$，根据前面介绍的方法我们也能很容易算出 $45^2=2025$。

而 $2025<2304<2500$

所以，它的算数平方根 a 的范围是：$45<a<50$

我们再以尾数定根：

2304 的尾数为 4，那么根的尾数也为 2 或 8，只有 8 满足条件。

所以 2304 的算数平方根为 48。

7. 混合运算问题

▶ 运算律

(1) 加法运算律

交换律：$a+b=b+a$

结合律：$(a+b)+c=a+(b+c)$

(2) 减法运算律

结合律：$a-b-c=a-(b+c)$

(3) 乘法运算律

交换律：$a\times b=b\times a$

结合律：$(a\times b)\times c=a\times(b\times c)$

分配律：$(a+b)\times c=a\times c+b\times c$

(4) 除法运算律

结合律：$a\div b\div c=a\div(b\times c)$

(5) 和差积商的变化规律(m，n 均不为 0)

$a+b=c$

$(a+m)+(b-m)=c$

$(a+m)+(b-n)=c+m-n$

$a-b=c$

$(a\pm m)-b=c\pm m$

$a-(b\pm m)=c\mp m$

$(a\pm m)-(b\pm m)=c$

$a\times b=c$

$(a\times m)\times(b\div m)=c$

$(a\times m)\times(b\div n)=c\times m\div n$

$a\div b=c$

$(a\times m)\div(b\times m)=c$

$(a\div m)\div(b\div m)=c$

$(a\times m)\div b=c\times m$

$(a\div m)\div b=c\div m$

$a\div(b\times m)=c\div m$

$a\div(b\div m)=c\times m$

▶ 乘除混合运算的速算技巧

在乘除混合运算中，可以把乘数、除数带符号"搬家"。也可以"去括号"或"添括号"。当"去的括号"(或"添的括号")前面是乘号时，则"要去的括号"(或"要添的括号")内运算符号不变；当"要去的括号"(或"要添的括号")前面是除号时，则"要去的括号"(或"要添的括号")内运算符号要改变。原来的乘号变为除号，原来的除号变为乘号。用字母表示为(从左往右看是添括号，从右往左看是去括号)：

$a\times b\div c=a\div c\times b=a\times(b\div c)$

$a\div b\times c=a\div(b\div c)$

利用以上乘除混合运算性质，可以使计算简便。

方法：

(1) $a\times b\div c=a\div c\times b=a\times(b\div c)$

(2) $a\div b\times c=a\div(b\div c)$

例子：

计算 $72000\div(125\times9)=$ _____

原式$=72000\div125\div9$

$=(72000\div9)\div125$

$=8000\div125$

$=8 \times 8$

$=64$

所以 $72000 \div (125 \times 9) = 64$

▶ 用整体法算复杂计算题

整体法是当我们无法或者不方便计算出各个个体的数值时,可以将一个或多个个体看成一个整体来考虑,从而简化问题。

例如,小明去超市买笔,发现买 1 支钢笔、4 支圆珠笔要 30 元钱,买 3 支钢笔、4 支铅笔要 50 元钱。请问:如果钢笔、圆珠笔、铅笔各买一支,要多少钱?

我们可以看出,本题无法求出每支钢笔、圆珠笔、铅笔分别多少钱。但是我们发现如果把它们加起来,即买 4 支钢笔、4 支圆珠笔、4 支铅笔需要 30+50=80 元,这样钢笔、圆珠笔、铅笔各买一支,需要 80÷4=20 元。

在解一些复杂的因式分解问题时,整体法又叫作换元法,即对结构比较复杂的多项式,把其中某些部分看成一个整体,用新字母代替(即换元),这样可以使复杂的问题简单化、明朗化,在减少多项式项数,降低多项式结构复杂程度等方面有独到作用。

方法:

(1) 把算式中某个复杂的部分看成一个整体。

(2) 用一个简单数值或字母代替它。

(3) 将其消掉,或者算出比较简单的算式。

(4) 还原,计算出最终结果。

例子:

(1) 计算

$$\left(1+\frac{1}{2}+\frac{1}{3}+\frac{1}{4}\right) \times \left(\frac{1}{2}+\frac{1}{3}+\frac{1}{4}+\frac{1}{5}\right) - \left(1+\frac{1}{2}+\frac{1}{3}+\frac{1}{4}+\frac{1}{5}\right) \times \left(\frac{1}{2}+\frac{1}{3}+\frac{1}{4}\right)$$

$=$ _____

这道题如果我们直接通分计算太麻烦,观察题目,我们会发现各项都含有 $\frac{1}{2}+\frac{1}{3}+\frac{1}{4}$,我们设 $\frac{1}{2}+\frac{1}{3}+\frac{1}{4}=A$

这样,原式$=(1+A) \times \left(A+\frac{1}{5}\right) - \left(1+A+\frac{1}{5}\right) \times A$

$$=A+\frac{1}{5}+A^2+\frac{1}{5}A-A-A^2-\frac{1}{5}A$$

$$=\frac{1}{5}$$

所以

$$\left(1+\frac{1}{2}+\frac{1}{3}+\frac{1}{4}\right)\times\left(\frac{1}{2}+\frac{1}{3}+\frac{1}{4}+\frac{1}{5}\right)-\left(1+\frac{1}{2}+\frac{1}{3}+\frac{1}{4}+\frac{1}{5}\right)\times\left(\frac{1}{2}+\frac{1}{3}+\frac{1}{4}\right)=\frac{1}{5}$$

(2) 计算

$(2+3.15+5.87)\times(3.15+5.87+7.32)-(2+3.15+5.87+7.32)\times(3.15+5.87)=$＿＿＿＿

设 $3.15+5.87=A$

原式$=(2+A)\times(A+7.32)-(2+A+7.32)\times A$

再设 $A+7.32=B$

原式$=(2+A)\times B-(2+B)\times A$

$\quad=2B+AB-2A-AB$

$\quad=2(B-A)$

$\quad=2(A+7.32-A)$

$\quad=2\times7.32$

$\quad=14.64$

所以$(2+3.15+5.87)\times(3.15+5.87+7.32)-(2+3.15+5.87+7.32)\times(3.15+5.87)=14.64$

(3) 解方程 $\dfrac{x}{(x-1)^2}+\dfrac{5x}{x-1}-6=0$

设 $\dfrac{x}{x-1}=A$

原式$=A^2+5A-6=0$

解得：$A=-6$ 或 1

即 $\dfrac{x}{x-1}=-6$或1

因为 $\dfrac{x}{x-1}=1$ 无解

所以 $\dfrac{x}{x-1}=-6$

解得：$x=\dfrac{6}{7}$

所以方程 $\dfrac{x}{(x-1)^2}+\dfrac{5x}{x-1}-6=0$ 的解为 $x=\dfrac{6}{7}$

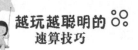
8. 验算问题

➡️ **"模总和"查错法**

我们平时进行验算时，往往是重新计算一遍，看结果是否与上一次的结果相同。这相当于用两倍的时间来计算一个题目。而印度的验算法相当简单，叫作"模总和"查错法。首先我们需要定义一个方法 $N(a)$，它的目的是将一个多位数转化为一个一位数。这个一位数就是数字 a 的"模总和"。它的运算规则如下：①如果 a 是多位数，那么"模总和" $N(a)$ 就等于 N(这个多位数各位上数字的和)；②如果 a 是个一位数，那么"模总和" $N(a)=a$；③如果 a 是负数，那么"模总和" $N(a)=(a+9)$；④$N(a)+N(b)=a+b$，$N(a)-N(b)=a-b$，$N(a)\times N(a)=a\times b$。

有了这个定义，我们可以很容易推算出若干个数字的和(差或积)的"模总和"，等于这几个数字的"模总和"之和(差或积)。所以我们就可以用"模总和"查错法对加、减、乘法进行验算(除法不适用)。当然，这个方法并不是完全精确的，因为"模总和"只有 1～9 九个，所以也有可能出现巧合而无法查出错误。但是，计算错误，而两者结果又相同的概率很低，用这种方法检查出错误的概率为 8/9。

方法：

(1) 求出算式的模总和。

(2) 求出结果的模总和。

(3) 对比两个模总和是否相等。相等则表示运算正确，不相等则运算错误。

例子：

验算 75+26=101

左边：$N(75)+N(26)=N(7+5)+N(2+6)$

$$=N(12)+N(8)$$

$$=N(1+2)+N(8)$$

$$=N(3)+N(8)$$

$$=N(3+8)$$

$$=N(11)$$

$$=N(2)$$

$$=2$$

右边：$N(101)=N(1+0+1)$

$$=N(2)$$

$$=2$$

左边和右边相等，说明计算正确。

9. 其他问题

▶ 同分子分数的加减法

方法：

(1) 分子相同，分母互质的两个分数相加(减)时，它们的结果是用原分母的积作分母，用原分母的和(或差)乘以这相同的分子所得的积作分子。

(2) 分子相同，分母不是互质数的两个分数相加(减)，也可按上述规律计算，只是最后需要注意把得数约分为最简分数。

例子：

计算 $\dfrac{5}{6} - \dfrac{5}{8} = $ _____

$$原式 = \frac{(8-6) \times 5}{6 \times 8}$$

$$= \frac{10}{48}$$

$$= \frac{5}{24}$$

所以 $\dfrac{5}{6} - \dfrac{5}{8} = \dfrac{5}{24}$

注意：

分数减法要用减数的原分母减去被减数的原分母。

▶ 用凑整法算小数

"凑整法"是在计算过程当中，将中间步骤中的某些数字凑成一个"整数"(整十、整百、整千等方便计算的数字)，从而简化计算。

比如我们在计算 56×99 等于几的时候，很多人觉得无法通过口算计算出结果，其实如果我们运用凑整法就会很简单。即把它变成 56×(100-1)就行了。

凑整法是简便运算中最常用的一种计算方法，在具体计算时，除了在过程中凑整，我们还可以综合运用数字运算的交换律、结合律等，把可以凑成整十、整百、整千……等计算起来更加方便的数放在一起先行运算，从而提高运算速度。

运用凑整法，最重要的是观察数字的特征，判断哪些数字可以凑整，然后应用相关的定律和性质进行运算，通常能够化繁为简。可以运用凑整法的数学运算题目一般有以下几种。

(1) 加法"凑整"。利用加法的交换律、结合律"凑整"。

如：2526+1293+7474+2707

=(2526+7474)+(1293+2707)

=10000+4000

=14000

(2) 减法"凑整"。利用减法性质"凑整"。

如：2537-118-382

=2537-(118+382)

=2537-500

=2037

(3) 乘法"凑整"。利用乘法交换律、结合律、分配律"凑整"。

如：8×34×25×125×4

=(125×8)×(4×25)×34

=1000×100×34

=3400000

(4) 和(差)替代"凑整"。利用和或差替代原数进行"凑整"。

如：126、99、102 等，我们可以用(125+1)、(100-1)、(100+2)等来替代，使运算变得比较简便、快速。

要想能够快速准确地判断和学习凑整法，我们需要记住一些最基本的凑整算式：

5×2=10

25×4=100

25×8=200

25×16=400

125×4=500

125×8=1000

125×16=2000

625×4=2500

625×8=5000

625×16=10000

......

记住这些常见的凑整算式，我们就可以在运用凑整法计算题目时更加得心应手了。

凑整法是小数加减法速算与巧算运用的主要方法。

方法：

(1) 用的时候看小数部分，主要看末位。

(2) 需要注意的是，小数点一定要对齐。

例子：

计算：34.16+47.82+53.84+64.18=_____

解答：

这是一个"聚10"相加法的典型例题，所谓"聚10"相加法，即当有几个数字相加时，利用加法的交换律与结合律，将加数中能聚成"10"或"10"的倍数的加数交换顺序，先进行结合，然后再把一些加数相加，得出结果。或者改变运算顺序，将相加得整十、整百、整千的数先结合相加，再与其他数相加，得出结果。这是一种运用非常普遍的巧算方法。

这道题目中四个数字都是由整数部分和小数部分组成。因而可以将此题分成整数部分和小数部分两部分来考虑。若只看整数部分，第二个数与第三个数之和正好是 100，第一个数与第四个数之和正好是 98；再看小数部分，第一个数的 0.16 与第三个数的 0.84 的和正好为 1，第二个数的 0.82 与第四个数的 0.18 之和也正好为 1。因此，总和是整数部分加上小数部分，即 100+98+1+1=200。

用凑整法算分数

与整数运算中的"凑整法"相同，在分数运算中，充分利用四则运算法则和运算律(如交换律、结合律、分配律)，使部分的和、差、积、商成为整数、整十数……可以使分数运算得到简化。

方法：

(1) 充分运用四则运算法则和运算律。

(2) 先借后还。

例子：

计算 $\left(5\dfrac{1}{8}+6\dfrac{1}{4}+9\dfrac{3}{4}+8\dfrac{7}{8}\right)\times\left(5+\dfrac{8}{15}\right)=$

$$原式=\left[\left(5\frac{1}{8}+8\frac{7}{8}\right)+\left(6\frac{1}{4}+9\frac{3}{4}\right)\right]\times\left(5+\frac{8}{15}\right)$$

$$=(14+16)\times\left(5+\frac{8}{15}\right)$$

$$=30\times5+30\times\frac{8}{15}$$

$$=150+16$$

$$=166$$

$$所以\left(5\frac{1}{8}+6\frac{1}{4}+9\frac{3}{4}+8\frac{7}{8}\right)\times\left(5+\frac{8}{15}\right)=166$$

▶ 用拆分法算分数

方法：

把带分数拆分成整数和分数两部分进行计算。

例子：

计算 $4\frac{1}{5}\times25=$ _____

$$原式=4\times25+\frac{1}{5}\times25$$

$$=100+5$$

$$=105$$

$$所以\ 4\frac{1}{5}\times25=105$$

▶ 用裂项法算分数

裂项法也是拆分法的一种。是将每个分数都分解成两个分数之差，并且使中间的分数相互抵消，从而简化运算。

方法：

裂项公式：$\dfrac{n}{m(m+n)}=\dfrac{1}{m}-\dfrac{1}{m+n}$

变化 1：$\dfrac{an}{m(m+n)}=a\left(\dfrac{1}{m}-\dfrac{1}{m+n}\right)$

变化 2：$\dfrac{a}{m(m+n)}=\dfrac{a}{n}\times\left(\dfrac{1}{m}-\dfrac{1}{m+n}\right)$

例子：

计算 $\dfrac{1}{n} - \dfrac{1}{n+1} = $ ＿＿＿＿

原式$= \dfrac{1}{n(n+1)}$

$\quad\ = \dfrac{1}{n} \times \dfrac{1}{n+1}$

所以 $\dfrac{1}{n} - \dfrac{1}{n+1} = \dfrac{1}{n} \times \dfrac{1}{n+1}$

由这道题的规律我们可以看出，当分子都是 1、分母是连续的两个自然数时，这两个分数的差就是这两个分数的积，反过来也同样成立，即这两个分数的积等于这两个分数的差。

根据这一关系，我们也可以简化运算过程。

▶ 用特殊值法做特定题型

特殊值法又叫特值法，是通过假设题目中某个未知量为特殊值，从而通过简单的运算，得出最终答案的一种方法。若问题的选择对象是针对一般情况给出的，则可选择合适的特殊数、特殊点、特殊数列、特殊图形等对结论加以检验，从而做出正确判断。即在题目所给的取值范围内，找一个特殊的、可以使运算简单的数字代入题目中，从而简化运算。

对于有情况讨论的题目，可以代入相应的特殊值，结合排除法进行。这个特殊值必须满足三个条件：首先，无论这个量的值是多少，对最终结果所要求的量的值没有影响；其次，这个量应该要和最终结果所要求的量有相对紧密的联系；最后，这个量在整个题干中给出的等量关系是一个不可或缺的量。

例子：

某种白酒中的酒精浓度为 20%，加入一满杯水后，测得酒精浓度为 15%。此时再加入同样一满杯水，此时酒精浓度为多少？

A. 10%　　　　　B. 12%　　　　　C. 12.5%　　　　　D. 13%

解答这样的问题，我们可以假设第一次加水后得到 100 克溶液，其中酒精 15 克，水 85 克。则加水前溶液一共有 15÷20%=75 克。即加水 100−75=25 克。

所以第二次加水后浓度为：15÷(100+25)=12%，答案为 B。

在数学计算中，由于很多题目都是选择题，而且答案一般具有唯一性，所以很多时候，我们可以通过观察题目与选项的关系，运用特殊值法求解。这样可以绕开烦琐的推理运算过程，简单、直接、准确、快速地得出答案。

再比如，当我们计算某些复杂的题目时，一时找不出规律，可以从数目较小的特殊情况入手，研究题目的特点，找出其一般规律，再推出原题目的结果。

例子：

计算下面方阵中所有的数的和。

1	2	3	…	100
2	3	…	…	…
3	…	…	…	…
…	…	…	…	…
100	…	…	…	199

这是个"100×100"的大方阵，数目很多，关系较为复杂。为了计算它的和，我们不妨先化大为小，再由小推大。

所以，我们先观察一个与这个规律相同的"5×5"方阵，如下。

1	2	3	4	5
2	3	4	5	6
3	4	5	6	7
4	5	6	7	8
5	6	7	8	9

我们可以斜着看，其中一条对角线上有五个"5"，它们的和是25。

这时，如果我们将这条对角线右下面的部分剪下来，拼到左面去，让第一斜行的 1 与第六斜行的四个 6 成为一组，让第二斜行的两个 2 与第七斜行的三个 7 成为一组，让第三斜行的三个 3 与第八斜行的两个 8 成为一组……

你会发现，这五个斜行，每行的五个数之和都是25。所以，"5×5"方阵的所有数之和为25×5=125，即 5^3。

于是，我们很容易就可以推导出大的"100×100"的方阵所有数之和为 100^3=1000000。

这些特殊值法相对来说比较简单，在这里我们只简单介绍一下，而本节我们主要来讨论一些题目本身具有很大特殊性的"特殊问题"的解法技巧。

➡ **用放缩法比较大小**

"放缩法"是在数字的比较计算当中，如果精度要求不高，可以将中间结果进行大胆的"放"(扩大)或者"缩"(缩小),从而迅速得到待比较数字的大小关系。

比如要证明不等式 $A<B$ 成立,有时可以将它的一边放大或缩小,寻找一个中间量,如将 A 放大成 C,即 $A<C$,后证 $C<B$,根据不等式的传递性,就可以间接地得到 $A<B$ 的结论。这种证法就是放缩法,是不等式的证明里的一种方法。

放缩法中常见的不等关系:

若 $A>B>0$,且 $C>D>0$,则有:

(1) $A+C>B+D$

(2) $A-D>B-C$

(3) $A×C>B×D$

(4) $A/D>B/C$

这些关系式是我们经常会用到的非常简单、基础的不等关系,其本质就是运用的"放缩法"。

放缩法的常见技巧

(1) 舍掉(或加进)一些项。

(2) 在分式中放大或缩小分子或分母。

(3) 应用基本不等式放缩(例如均值不等式)。

(4) 应用函数的单调性进行放缩。

(5) 根据题目条件进行放缩。

(6) 构造等比数列进行放缩。

(7) 构造裂项条件进行放缩。

(8) 利用函数切线、割线逼近进行放缩。

(9) 利用裂项法进行放缩。

(10) 利用错位相减法进行放缩。

注意:

(1) 放缩的方向要一致。

(2) 放与缩要适度。

(3) 很多时候可以只对数列的一部分进行放缩,保留一些项不变(多为前几项或后几项)。

第二部分

各题型解题方法及技巧

很多特殊方法和解题技巧都需要根据具体的题型来进行选择和运用。下面我们来简单介绍一些数学计算中常见的题型及它们的解题技巧。

1. 因数与倍数

概念：

因数和倍数：若整数 a 能够被 b 整除，a 叫作 b 的倍数，b 就叫作 a 的因数。

公因数：几个数公有的因数，叫作这几个数的公因数；其中最大的一个，叫作这几个数的最大公因数。

公倍数：几个数公有的倍数，叫作这几个数的公倍数；其中最小的一个，叫作这几个数的最小公倍数。

互质数：如果两个数的最大公因数是 1，那么这两个数叫作互质数。

性质：

因数与倍数的性质：

一个数的因数的个数是有限的，其中最小的因数是 1，最大的因数是它本身；一个数的倍数的个数是无限的，其中最小的倍数是它本身，没有最大的倍数。倍数和因数是相互存在的。0 是任何整数的倍数。

最大公因数的性质：

(1) 几个数都除以它们的最大公因数，所得的几个商是互质数。

(2) 几个数的最大公因数都是这几个数的因数。

(3) 几个数的公因数，都是这几个数的最大公因数的因数。

(4) 几个数都乘以一个自然数 m，所得的积的最大公因数等于这几个数的最大公因数乘以 m。

求最大公因数基本方法：

(1) 分解质因数法：先分解质因数，然后把相同的因数连乘起来。

(2) 短除法：先找公有的因数，然后相乘。

(3) 辗转相除法：每一次都用除数和余数相除，能够整除的那个余数，就是所求的最大公因数。

最小公倍数的性质：

(1) 两个数的任意公倍数都是它们最小公倍数的倍数。

(2) 两个数最大公因数与最小公倍数的乘积等于这两个数的乘积。

求最小公倍数基本方法：

(1) 短除法求最小公倍数。

(2) 分解质因数的方法。

例子：

(1) 求 12 和 18 的公因数和最大公因数分别是多少？

12 的因数有：1, 2, 3, 4, 6, 12；

18 的因数有：1, 2, 3, 6, 9, 18；

所以 12 和 18 的公因数有：1, 2, 3, 6；12 和 18 最大的公因数是：6。

(2) 12 和 18 的公倍数和最小公倍数分别是多少？

12 的倍数有：12, 24, 36, 48……

18 的倍数有：18, 36, 54, 72……

所以 12 和 18 的公倍数有：36, 72, 108……

12 和 18 最小的公倍数是 36。

2. 整除的特性

如果一个整数 a，除以一个自然数 b，得到一个整数商 c，而且没有余数，那么叫作 a 能被 b 整除或 b 能整除 a，记作 $b|a$。

有些题目，可以利用数的整除特性，根据题目中的部分条件，并借助于选项提供的信息进行求解。一般来说，这类题目的数量关系比较隐蔽，需要一定的数字敏感性才能发掘出来。

▶ **数的整除性质**

(1) 对称性：若 a 能被 b 整除，b 也能被 a 整除，那么 a、b 两数相等。

(2) 传递性：若 a 能被 b 整除，b 能被 c 整除，那么 a 能被 c 整除。

(3) 如果 a、b 都能被 c 整除，那么 $(a+b)$、$(a-b)$ 与 $a×b$ 也能被 c 整除。

(4) 如果 a 能被 b 整除，c 是整数，那么 a 乘以 c 也能被 b 整除。

(5) 如果 a 能被 c 整除，a 能被 b 整除，且 bc 互质，那么 a 能被 $b×c$ 整除。

(6) 如果 a 能被 $b×c$ 整除，且 bc 互质，那么 a 能被 b 整除，a 也能被 c 整除。

(7) 若一个质数能整除两个自然数的乘积，那么这个质数至少能整除这两个自然数中的一个。

(8) 几个数相乘，若其中有一个因子能被某一个数整除，那么它们的积也能被该数整除。

数的整除特征

判断一个数能否被特殊数字整除的方法：

(1) 判断一个数能否被 2 整除，只需判断其个位数字能否被 2 整除。

(2) 判断一个数能否被 3 整除，只需判断其各位数字之和能否被 3 整除。

(3) 判断一个数能否被 5 整除，当一个数的个位数字为 0 或 5 时，此数能被 5 整除。

(4) 判断一个数能否被 7 整除，将此数的个位数字截去，再从余下的数中，减去个位数字的 2 倍，差是 7 的倍数，则原数能被 7 整除。

(5) 判断一个数能否被 9 整除，只需判断其各位数字之和能否被 9 整除。

(6) 判断一个数能否被 11 整除，将此数的奇位数字之和与偶位数字之和作差，若差能被 11 整除，则此数能被 11。

(7) 判断一个数能否被 13 整除，将此数的个位数字截去，再从余下的数中，加上个位数字的 4 倍，和是 13 的倍数，则原数能被 13 整除。

(8) 判断一个数能否被 17 整除，将此数的个位数字截去，再从余下的数中，减去个位数字的 5 倍，差是 17 的倍数，则原数能被 17 整除。

(9) 判断一个数能否被 19 整除，将此数的个位数字截去，再从余下的数中，加上个位数字的 2 倍，和是 19 的倍数，则原数能被 19 整除。

(10) 判断一个数能否被 6，10，14，15 等数整除，我们知道，6=2×3，10=2×5，14=2×7，15=3×7。所以要判断一个数能否被 6，10，14，15 整除，只要判断这个数能否同时被分解出来的两个因数整除即可。

换句话说，一个数要想被另一个数整除，该数需含有对方所具有的质数因子。

(1) 1 与 0 的特性：1 是任何整数的约数，0 是任何非零整数的倍数。

(2) 若一个整数的末位是 0、2、4、6 或 8，则这个数能被 2 整除。

(3) 若一个整数的数字和能被 3(9)整除，则这个整数能被 3(9)整除。

(4) 若一个整数的末尾两位数能被 4(25)整除，则这个数能被 4(25)整除。

(5) 若一个整数的末位是 0 或 5，则这个数能被 5 整除。

(6) 若一个整数能被 2 和 3 整除，则这个数能被 6 整除。

(7) 若一个整数的个位数字截去，再从余下的数中，减去个位数的 2 倍，如果差是 7 的倍数，则原数能被 7 整除。

(8) 若一个整数的末尾三位数能被 8(125)整除，则这个数能被 8(125)整除。

(9) 若一个整数的末位是 0，则这个数能被 10 整除。

(10) 若一个整数的奇位数字之和与偶位数字之和的差能被 11 整除，则这个数能被 11 整除(不够减时依次加 11 直至够减为止)。

(11) 若一个整数能被 3 和 4 整除，则这个数能被 12 整除。

(12) 若一个整数的个位数字截去，再从余下的数中，加上个位数字的 4 倍，如果差是 13 的倍数，则原数能被 13 整除。

一个三位以上的整数能否被 7(11 或 13)整除，只需看这个数的末三位数字表示的三位数与末三位数字以前的数字所组成的数的差(以大减小)能否被 7(11 或 13)整除。

另法：将一个多位数从后往前三位一组进行分段。奇数段各三位数之和与偶数段各三位数之和的差若能被 7(11 或 13)整除，则原多位数也能被 7(11 或 13)整除。

(13) 若一个整数的个位数字截去，再从余下的数中，减去个位数的 5 倍，如果差是 17 的倍数，则原数能被 17 整除。

(14) 若一个整数的个位数字截去，再从余下的数中，加上个位数的 2 倍，如果差是 19 的倍数，则原数能被 19 整除。

(15) 若一个整数的末三位与 3 倍的前面的隔出数的差能被 17 整除，则这个数能被 17 整除。

(16) 若一个整数的末三位与 7 倍的前面的隔出数的差能被 19 整除，则这个数能被 19 整除。

(17) 若一个整数的末四位与前面 5 倍的隔出数的差能被 23(或 29)整除，则这个数能被 23 整除。

3. 奇数与偶数

概念：

在整数中，不能被 2 整除的数叫作奇数。日常生活中，人们通常把奇数叫作单数，它跟偶数是相对的。

在整数中，能被 2 整除的数叫作偶数。日常生活中，人们通常把偶数叫作双数，它跟奇数是相对的。

所有整数不是奇数(单数)，就是偶数(双数)。

性质：

关于奇数和偶数，有下面一些性质：

(1) 两个连续整数中必有一个奇数和一个偶数。

(2) 奇数跟奇数的和是偶数；偶数跟奇数的和是奇数；任意多个偶数的和是偶数；奇偶性相同的两数之和为偶数；奇偶性不同的两数之和为奇数。

(3) 两个奇(偶)数的差是偶数；一个偶数与一个奇数的差是奇数。

(4) 奇数个奇数与任意个偶数相加减时，得到的结果(和或差)必为奇数，偶数个奇数与任意个偶数相加减时，得到的结果(和或差)必为偶数。

(5) 奇数与奇数的积是奇数；偶数与偶数的积是偶数；奇数与偶数的积是偶数。

(6) n 个奇数的积是奇数，n 个偶数的积是偶数；n 个数相乘，其中有一个是偶数，则积是偶数。

(7) 奇数的个位一定是 1, 3, 5, 7, 9；偶数的个位一定是 0, 2, 4, 6, 8。所以，在十进制里，可以用看个位数的方式判定该数是奇数(单数)还是偶数(双数)。

(8) 除 2 外所有的正偶数均为合数。

(9) 相邻偶数最大公约数为 2，最小公倍数为它们乘积的一半。

(10) 偶数的平方可以被 4 整除，奇数的平方除以 2, 4, 8 余 1。

(11) 任意两个奇数的平方差是 2, 4, 8 的倍数。

(12) 每个奇数与 2 的商都余 1。

(13) 古希腊著名数学家毕达哥拉斯发现一个有趣的奇数现象：将奇数连续相加，每次的得数正好是一个平方数。

如：

$1 + 3 = 2^2$

$1 + 3 + 5 = 3^2$

$1 + 3 + 5 + 7 = 4^2$

$1 + 3 + 5 + 7 + 9 = 5^2$

$1 + 3 + 5 + 7 + 9 + 11 = 6^2$

$1 + 3 + 5 + 7 + 9 + 11 + 13 = 7^2$

$1 + 3 + 5 + 7 + 9 + 11 + 13 + 15 = 8^2$

$1 + 3 + 5 + 7 + 9 + 11 + 13 + 15 + 17 = 9^2$

……

(14) 哥德巴赫猜想说明任何大于 2 的偶数(双数)都可以写为两个质数之和，但尚未有人能证明这个猜想。

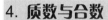

4. 质数与合数

质数除了 1 和它本身外没有其他约数，合数除了 1 和它本身还有其他约数。根据这个特点，即可把整数进行区分。

注意：

1 既不是质数也不是合数；除了 2 以外，所有的质数都是奇数。

对于常用的质数，我们最好能把它们记住，这样对类似题目的运算有很大帮助。

100 以内的质数：2, 3, 5, 7, 11, 13, 17, 19, 23, 29, 31, 37, 41, 43, 47, 53, 59, 61, 67, 71, 73, 79, 83, 89, 97。

例子：

请根据给出数字之间的规律，填写空缺处的数字。

2, 4, 7, 12, 19, ( )

A.21　　B.27　　C.30　　D.41

解答：

计算相邻两个数之差，我们会发现分别为 2, 3, 5, 7,……为质数数列，所以下一个数字应该是 19+11=30。

答案是 C。

5. 进制转换

▶ **二进制数、十六进制数转换为十进制数(按权求和)**

二进制数、十六进制数转换为十进制数的规律是相同的。把二进制数(或十六进制数)按位权形式展开多项式和的形式，求其最后的和，就是其对应的十进制数——简称"按权求和"。

例：把 $(1001.01)^2$ 二进制计算。

解：$(1001.01)^2$

$=8×1+4×0+2×0+1×1+0×(1/2)+1×(1/4)$

$=8+0+0+1+0+0.25$

$=9.25$

例：把 $(384.11)^{16}$ 转换为十进制数。

解：$(384.11)^{16}$

$=3×16^2+8×16^1+10×16^0+1×16^{-1}+1×16^{-2}$

=768+128+10+0.0625+0.0039

=906.0664

▶ 十进制数转换为二进制数、十六进制数(除 2/16 取余法)

整数转换，一个十进制整数转换为二进制整数通常采用除二取余法，即用 2 连续除十进制数，直到商为 0，逆序排列余数即可得到——简称除二取余法。

例：将 25 转换为二进制数。

解：25÷2=12，余数 1

12÷2=6，余数 0

6÷2=3，余数 0

3÷2=1，余数 1

1÷2=0，余数 1

所以 25=(11001)2

同理，把十进制数转换为十六进制数时，将基数 2 转换成 16 就可以了。

例：将 25 转换为十六进制数。

解：25÷16=1，余数 9

1÷16=0，余数 1

所以 25=(19)16

▶ 二进制数与十六进制数之间的转换

由于 4 位二进制数恰好有 16 个组合状态，即 1 位十六进制数与 4 位二进制数是一一对应的。所以，十六进制数与二进制数的转换是十分简单的。

(1) 十六进制数转换成二进制数，只要将每一位十六进制数用对应的 4 位二进制数替代即可——简称位分四位。

例：将(4AF8B)16 转换为二进制数。

解：4 A F 8 B

0100 1010 1111 1000 1011

所以(4AF8B)16=(10010101111110001011)2

(2) 二进制数转换为十六进制数，分别向左、向右每四位一组，依次写出每组 4 位二进制数所对应的十六进制数——简称四位合一位。

例：将二进制数(000111010110)2 转换为十六进制数。

解：0001 1101 0110

1 D 6

所以(111010110)2=(1D6)16

转换时注意，最后一组不足 4 位时必须加 0 补齐 4 位

数制转换的一般化

1) R 进制转换成十进制

任意 R 进制数据按权展开、相加即可得到十进制数据。例如：$N = 1101.0101B = 1\times2^3+1\times2^2+0\times2^1+1\times2^0+0\times2^{-1}+1\times2^{-2}+0\times2^{-3}+1\times2^{-4}=8+4+0+1+0+0.25+0+0.0625=13.3125$

$N = 5A.8H=5\times16^1+10\times16^0+8\times16^{-1}=80+10+0.5=90.5$

2) 十进制转换 R 进制

十进制数转换成 R 进制数，须将整数部分和小数部分分别转换。

(1) 整数转换——除 R 取余法。规则：①用 R 去除给出的十进制数的整数部分，取其余数作为转换后的 R 进制数据的整数部分最低位数字；②再用 R 去除所得的商，取其余数作为转换后的 R 进制数据的高一位数字；③重复执行②操作，一直到商为 0 结束。

(2) 小数转换——乘 R 取整法。规则：①用 R 去乘给出的十进制数的小数部分，取乘积的整数部分作为转换后 R 进制小数点后第一位数字；②再用 R 去乘上一步乘积的小数部分，然后取新乘积的整数部分作为转换后 R 进制小数的低一位数字；③重复②操作，一直到乘积为 0，或已得到要求精度数位为止。

(3) 小数转换——整数退位法。例如：$0.321d$ 转成二进制，由于 321 不是 5 的倍数，用取余法、取整法可能要算很久，这时候我们可以采用整数退位法。原理如下：

n 为转成的二进制数的小数位数

$(x)10=(y)2$

$(x)10\times2^n=(y)2\times2^n$

$D=(x)10\times2^n$：计算十进制数，取整

$D\to T$ 转成二进制数

$(y)2=T/2^n=T\times2^{-n}$，T 退位，位数不足前端补 0

例如：

0.321 转成二进制数，保留 7 位

$0.321\times2^7=41.088$，取整数 41

41=32+8+1 即 100000+1000+1=101001

退位，因只有 6 位而要求保留 7 位，所以是 0.0101001

用在线转换工具校验，正确。

▶ and、or、xor 运算

所有进制的 and(和)、or(或)、xor(异或)运算都要转化为二进制进行运算，然后对齐位数，进行运算，具体的运算方法和普通的 and、or、xor 相同，如：1and1=1，1and0=0，0and0=0，1or1=1，1or0=1，0or0=0，1xor1=0，1xor0=1，0xor0=0。就是一般的二进制运算。

例如：35(H)and5(O)=110101(B)and101(B)=101(B)=5(O)

▶ **正整数的十进制转换二进制**

要点：除二取余，倒序排列。

解释：将一个十进制数除以二，得到的商再除以二，以此类推直到商等于一或零时为止，倒取将除得的余数，即换算为二进制数的结果。

例如：把 52 换算成二进制数，计算结果见图 2-1：

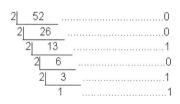

图 2-1

52 除以 2 得到的余数依次为：0、0、1、0、1、1，倒序排列，所以 52 对应的二进制数就是 110100。

由于计算机内部表示数的字节单位都是定长的，以 2 的幂次展开，或者 8 位，或者 16 位，或者 32 位……

于是，一个二进制数用计算机表示时，位数不足 2 的幂次时，高位上要补足若干个 0。本文都以 8 位为例。那么：

(52)10=(00110100)2

▶ **负整数转换为二进制**

要点：取反加一。

解释：将该负整数对应的正整数先转换成二进制，然后对其"取补"，再对取补后的结果加 1 即可。

例如：要把-52 换算成二进制：

(1) 先取得 52 的二进制：00110100

(2) 对所得到的二进制数取反：11001011

(3) 将取反后的数值加一即可：11001100

即：$(-52)_{10}=(11001100)_2$

小数转换为二进制

要点：乘二取整，正序排列。

解释：对被转换的小数乘以 2，取其整数部分(0 或 1)作为二进制小数部分，取其小数部分，再乘以 2，又取其整数部分作为二进制小数部分，然后取小数部分，再乘以 2，直到小数部分为 0 或者已经取到了足够位数。每次取的整数部分，按先后次序排列，就构成了二进制小数的序列。

例如：把十进制数 0.2 转换为二进制，转换过程见图 2-2：

$$0.2 \times 2 = 0.4 \dots\dots\dots\dots\dots 0$$
$$0.4 \times 2 = 0.8 \dots\dots\dots\dots\dots 0$$
$$0.8 \times 2 = 1.6 \dots\dots\dots\dots\dots 1$$
$$0.6 \times 2 = 1.2 \dots\dots\dots\dots\dots 1$$
$$0.2 \times 2 = 0.4 \dots\dots\dots\dots\dots 0$$
$$(0.2)_{10} = (0.0011)_2$$

图 2-2

0.2 乘以 2，取整后小数部分再乘 2，运算 4 次后得到的整数部分依次为 0, 0, 1, 1，结果又变成了 0.2，

若结果 0.2 再乘 2 后会循环刚开始的 4 次运算，所以 0.2 转换二进制后将是 0011 的循环，即：

$(0.2)_{10}=(0.0011\ 0011\ 0011\ \cdots)_2$

循环的书写方法为在循环序列的第一位和最后一位下面分别加一个点标注，如图 2-3 所示。

$$0.\dot{0}01\dot{1}$$

图 2-3

▶ 二进制转换为十进制

整数二进制用数值乘以 2 的幂次依次相加,小数二进制用数值乘以 2 的负幂次然后依次相加!

比如将二进制 110 转换为十进制:

首先补齐位数,00000110,首位为 0,则为正整数,那么将二进制中的三位数分别与下边对应的值相乘后相加得到的值为换算为十进制的结果,如图 2-4 所示。

$$\frac{1 \qquad 1 \qquad 0}{2^2 \qquad 2^1 \qquad 2^0}$$

图 2-4

个位数 0 与 2^0 相乘:$0 \times 2^0 = 0$

十位数 1 与 2^1 相乘:$1 \times 2^1 = 2$

百位数 1 与 2^2 相乘:$1 \times 2^2 = 4$

将得到的结果相加:$0 + 2 + 4 = 6$

所以,二进制 110 转换为十进制后的结果为 6。

如果二进制数补足位数之后首位为 1,那么其对应的整数为负,那么需要先取反然后再换算。

比如 11111001,首位为 1,那么需要先对其取反,即:-00000110

00000110,对应的十进制为 6,因此 11111001 对应的十进制即为-6

换算公式可表示为:

11111001=-00000110

　　　　　=-6

如果将二进制 0.110 转换为十进制:

将二进制中的三位数分别与下边对应的值相乘后相加,得到的值为换算为十进制的结果,如图 2-5 所示。

$$\frac{0. \qquad 1 \qquad 1 \qquad 0}{2^0 \qquad 2^{-1} \qquad 2^{-2} \qquad 2^{-3}}$$

图 2-5

小数第一位 1 与 2^{-1} 相乘:$1 \times 2^{-1} = 0.5$

小数第二位 1 与 2^{-2} 相乘:$1 \times 2^{-2} = 0.25$

小数第三位 0 与 2^{-3} 相乘：$0 \times 2^{-3} = 0$

将得到的结果相加：$0.5 + 0.25 + 0 = 0.75$

所以，二进制 0.110 转换为十进制后的结果为 0.75。

6. 小数化分数

▶ 有限小数化分数

根据小数的意义，可以直接把小数写成分母为 10、100、1000、……的分数。具体方法为：把去掉小数点后得到的数作为分子，原来的小数是几位小数，就在 1 后面加几个 0 作为分母，能约分的要约分。

例如，把 0.36 化为分数。

$$0.36 = \frac{36}{100} = \frac{9}{25}$$

▶ 循环小数化分数

纯循环小数化分数

任何一个纯循环小数都可以化成分数，方法如下：

(1) 用纯循环小数的整数部分作为带分数的整数部分(如整数部分为 0 则为真分数)。

(2) 用第一个循环节的数字所组成的数作为带分数的分数部分的分子。

(3) 带分数的分数部分的分母由若干个 9 组成，9 的个数等于循环节的位数。

(4) 能约分的要约分。

例如：把 0.3333……化为分数。

$$0.3333\cdots\cdots = \frac{3}{9} = \frac{1}{3}$$

混循环小数化分数

任何一个混循环小数也都可以化成分数，方法如下：

(1) 用混循环小数的整数部分作为带分数的整数部分(如整数部分为 0 则为真分数)。

(2) 用混循环小数的小数点右边第一个数字到第一个循环节的末位数字所组成的数，减去小数部分不循环的数字，所组成的差作为带分数分数部分的分子。

(3) 带分数分数部分的分母由若干个 9 后面带若干个数字 0 组成，其中 9 的个数等于循环节的位数，0 的个数等于小数部分不循环的位数。

(4) 能约分的要约分。

例如：把 4.13222……化为分数。

$$4.13222\cdots\cdots=4+\frac{132-13}{900}=4+\frac{119}{900}$$

纯循环小数转换成分数的特殊方法

我们知道，两个有理数相除，若除不尽，商一定是循环小数。相反，一个循环小数，总能对应地转换成分数。

方法：

(1) 把纯循环小数写成 $x=a$ 的形式，并确定循环节有几位。

(2) 两边同时乘以整数倍。若循环节为 1 位，则×10；若循环节为 2 位，则×100；若循环节为 3 位，则×1000；……

(3) 与原式相减，计算出 x 的分数形式。能约分的约分。

例子：

将循环小数 0.515151……转换成分数

$$x=0.515151\cdots\cdots$$

两边同时乘以 100

$$100x=51.515151\cdots\cdots$$

两式相减

$$99x=51$$

$$x=51/99=17/33$$

所以将循环小数 0.515151……转换成分数为 17/33。

如果不是纯循环小数，可以用此扩展方法。

例子：

将循环小数 0.41666……转换成分数

$$x=0.41666$$

两边同时乘以 100

$$100x=41.666\cdots\cdots$$

$$=41+0.666\cdots\cdots$$

因为 0.666……=6/9=2/3(用前面的方法计算)

所以 $100x=41+2/3=125/3$

$$x=125/300=5/12$$

所以循环小数 0.41666……转换成分数为 5/12。

7. 分数化小数

一些特殊的分数转换成小数

这些分数很特殊，也很常用，所以建议大家把它们记住。

分母为 **2** 的分数转换成小数

1/2=0.5

分母为 **3** 的分数转换成小数

1/3=0.333……，2/3=0.666……

分母为 **4** 的分数转换成小数

1/4=0.25，2/4=1/2=0.5，3/4=0.75

分母为 **5** 的分数转换成小数

1/5=0.2，2/5=0.4，3/5=0.6，4/5=0.8

分母为 **6** 的分数转换成小数

1/6=0.1666……，2/6=1/3=0.333……，3/6=1/2=0.5，4/6=2/3=0.666……，5/6=0.8333……

分母为 **8** 的分数转换成小数

1/8=0.125，2/8=1/4=0.25，3/8=0.375，4/8=1/2=0.5，5/8=0.625，6/8=3/4=0.75，7/8=0.875

分母为 **9** 的分数转换成小数

1/9=0.111……，2/9=0.222……，3/9=0.333……，4/9=0.444……，5/9=0.555……，6/9=0.666……，7/9=0.777……，8/9=0.888……

分母为 **10** 的分数转换成小数

1/10=0.1，2/10=0.2，3/10=0.3，4/10=0.4，5/10=0.5，6/10=0.6，7/10=0.7，8/10=0.8，9/10=0.9

分母为 **11** 的分数转换成小数

1/11=0.0909……，2/11=0.1818……，3/11=0.2727……，4/11=0.3636……，5/11=0.4545……，6/11=0.5454……，7/11=0.6363……，8/11=0.7272……，9/11=0.8181……，10/11=0.9090……

分母为 **7** 的分数转换成小数

这个比较特殊，1/7=0.$\overline{142857}$ 循环，记住这一个即可，其他的可以用 1/7 的小数乘以相应的数得到。

记住这些有什么好处呢？它会方便我们计算一些除法，让我们快速得到答案。

例如：计算 17÷8=_____

17÷8=2……1

因为 1÷8=0.125

所以 17÷8=2.125

同理，任何整数除以 8，如果不能被整除，有余数：

若有余数是 1，小数点后边肯定是 0.125。

若有余数是 2，小数点后边肯定是 0.25。

若有余数是 3，小数点后边肯定是 0.375。

若有余数是 4，小数点后边肯定是 0.5。

若有余数是 5，小数点后边肯定是 0.625。

若有余数是 6，小数点后边肯定是 0.75。

若有余数是 7，小数点后边肯定是 0.875。

扩展阅读

如果除数是 11

我们先看看下列算式

1÷11=0.0909……

2÷11=0.1818……

3÷11=0.2727……

……

由以上算式的规律不难看出，任何数除以 11 如果除不尽，有余数，商的小数部分就是这个余数×0.09……

例如：计算 47÷11=_____

先把被除数 47 能被 11 整除的部分 44 和余数 3 分解开，得到商 4 余 3，然后用余数 3 乘以 0.09……，积与商 4 相加，便是结果。

所以 47÷11

=(44+3)÷11

=4+$0.\dot{2}\dot{7}$

=$4.\dot{2}\dot{7}$

如果除数是99

同理，我们来看看下列算式

$1 \div 99 = 0.0101 \cdots\cdots$

$2 \div 99 = 0.0202 \cdots\cdots$

$3 \div 99 = 0.0303 \cdots\cdots$

……

由以上算式的规律不难看出，任何数除以99如果除不尽，有余数，商的小数部分就是这个余数乘以$0.0101 \cdots\cdots$

例如：计算$135 \div 99 = $＿＿＿＿＿

先把被除数$135 \div 99$的商和余数分别算出来，商是1，余数36，然后用$36 \times 0.01\cdots\cdots$，与商的整数相加，便是结果。

所以$135 \div 99 = $

$= 1 + 0.\dot{3}\dot{6}$

$= 1.\dot{3}\dot{6}$

8. 通分与约分

概念：

(1) 约分：把一个分数的分子、分母同时除以公因数，使分数的值不变，但分子、分母都变小，这个过程叫约分。

(2) 通分：根据分数(式)的基本性质，把几个异分母分数(式)化成与原来分数(式)相等的同分母的分数(式)的过程，叫作通分。

(3) 最简分数：分子、分母只有公因数1的分数，或者说分子和分母互质的分数，叫作最简分数，又称既约分数。

方法：

约分时，要注意找它的公约数，然后将所有公约数乘起来就是它们的最大公约数。如果能很快看出分子和分母的最大公约数，直接用它们的最大公约数去除比较简便。

约分的步骤：

(1) 将分子分母分解因数。

(2) 找出分子分母公因数。

(3) 消去非零公因数。

通分的关键是确定几个分式的最简公分母，也就是几个分母的最小公倍数。

通分的步骤：

(1) 先求出原来几个分数(式)的分母的最简公分母。

(2) 根据分数(式)的基本性质，把原来分数(式)化成以最简公分母为分母的分数(式)。

求最小公倍数的步骤：

(1) 分别列出各分母的质因数。

(2) 最小公倍数等于所有的质因数的乘积(如果有几个质因数相同，则比较两数中哪个数有该质因数的个数较多，乘较多的次数)。

例子：

(1) 把 $\dfrac{18}{30}$ 化成最简分数

$$\dfrac{18}{30} = \dfrac{18 \div 2}{30 \div 2} = \dfrac{9}{15} = \dfrac{9 \div 3}{15 \div 3} = \dfrac{3}{5}$$

所以 $\dfrac{18}{30}$ 化成最简分数 $\dfrac{3}{5}$

(2) 约分 $\dfrac{33}{99}$

$$\dfrac{33}{99} = \dfrac{3 \times 11}{3 \times 3 \times 11} = \dfrac{1}{3}$$

所以 $\dfrac{33}{99} = \dfrac{1}{3}$

(3) 通分 $\dfrac{1}{2}$、$\dfrac{5}{6}$、$\dfrac{7}{9}$

2 的质因数为 2

6 的质因数为 2、3

9 的质因数为 3、3

所以 2、6、9 的最小公倍数为 2×3×3=18

$$\dfrac{1}{2} = \dfrac{9}{18}$$

$$\dfrac{5}{6} = \dfrac{15}{18}$$

$$\dfrac{7}{9} = \dfrac{14}{18}$$

9. 分数比较大小

▶ 化同法

"化同法"是在比较两个分数大小时，将这两个分数的分子或分母化为相同或相近，从而达到简化计算。

化同法一般包括三个层次：

(1) 将分子(分母)化为完全相同，从而只需要比较分母(或分子)即可。

(2) 将分子(或分母)化为相近之后，出现"某一个分数的分母较大而分子较小"或"某一个分数的分母较小而分子较大"的情况，则可直接判断两个分数的大小。

(3) 将分子(或分母)化为非常接近之后，再利用其他速算技巧进行简单判定。

▶ 差分法

我们在做两个分数大小比较时，若其中一个分数的分子与分母都比另外一个分数的分子与分母分别只大一点点，这时候可以使用"差分法"来解决问题。

运用差分法，我们首先定义分子与分母都比较大的分数叫"大分数"，分子与分母都比较小的分数叫"小分数"，把这两个分数的分子、分母分别做差而得到的新的分数定义为"差分数"。

在进行大小比较时，我们可以用"差分数"来代替"大分数"，与"小分数"进行大小比较：①若差分数比小分数大，则大分数比小分数大；②若差分数比小分数小，则大分数比小分数小；③若差分数与小分数相等，则大分数与小分数相等。

▶ 变型式差分法

要比较 $a \times b$ 与 $c \times d$ 的大小，如果 a 与 c 相差很小，并且 b 与 d 相差也很小，这时候可以将乘法 $a \times b$ 与 $c \times d$ 的比较转化为除法 a/d 与 c/b 的比较，这样就可以运用"差分法"来解决类似的乘法问题。

方法：

(1) 求出差分数。

(2) 用差分数代替大分数，与小分数比较。

例子：

比较 $\dfrac{323}{530}$ 与 $\dfrac{312}{527}$ 的大小关系。

$$差分数 = \frac{323-312}{530-527} = \frac{11}{3}$$

而 $\frac{11}{3} > \frac{312}{527}$

所以 $\frac{323}{530} > \frac{312}{527}$

▶ 分数大小比较的其他方法

方法：

(1) 化同分子法：使所有分数的分子相同，根据同分子分数大小和分母的关系比较。

(2) 化同分母法：使所有分数的分母相同，根据同分母分数大小和分子的关系比较。

(3) 中间数比较法：确定一个中间数，使所有的分数都和它进行比较。

(4) 化成小数法：把所有分数转化成小数(求出分数的值)后进行比较。

(5) 化为整数法：把两个分数同时乘以其中一个分数的分母，使其中一个分数化成整数，与另外一个数进行比较。

(6) 倒数比较法：利用倒数比较大小，然后确定原数的大小。

(7) 交叉相乘法：如果第一个分数的分子与第二个分数的分母相乘的积大于第二个分数的分子与第一个分数的分母相乘的积，那么第一个分数比较大。

(8) 除法比较法：用一个数除以另一个数，结果得数和1进行比较。

(9) 减法比较法：用一个分数减去另一个分数，得出的数和0比较。

(10) 差等比较法：如果两个真分数的分子和分母的差相等，那么分子和分母比较大的那个分数比较大。

例子：

(1) 比较 $\frac{111}{1111}$ 和 $\frac{1111}{11111}$ 的大小。

本题可以用倒数法

$\frac{111}{1111}$ 的倒数为 $\frac{1111}{111} = 10\frac{1}{111}$

$\frac{1111}{11111}$ 的倒数为 $\frac{11111}{1111} = 10\frac{1}{1111}$

$$\frac{1111}{111} > \frac{11111}{1111}$$

所以 $\dfrac{111}{1111} < \dfrac{1111}{11111}$

(2) 比较 $\dfrac{3}{8}$ 和 $\dfrac{7}{18}$ 的大小。

本题可以用小数比较法。

$\dfrac{3}{8}$=0.375

$\dfrac{7}{18}$≈0.388

所以 $\dfrac{3}{8} < \dfrac{7}{18}$

(3) 比较 $\dfrac{2015}{2016}$ 和 $\dfrac{2017}{2018}$ 的大小。

这两个真分数的分子和分母的差都是 1

而后一个分数的分子和分母比较大

所以 $\dfrac{2015}{2016} < \dfrac{2017}{2018}$

注意：

有的题目可以用多种分数比较方法，只是看哪种方法更简单而已。

10. 判断平闰年和星期

▶ 判断公历闰年

地球绕太阳运行一圈的时间称为一年。但是因为运行这一圈所用的精确时间为 365 天 5 小时 48 分 45.5 秒，而我们又不能用这么不整的时间来当成一年，所以就近似取 365 天作为一年。多出来的 5 小时 48 分 45.5 秒该怎么办呢？因为每四年多一点的时间就会多出一天，所以就有了公历闰年。在闰年，2 月有 29 天。而平年，2 月有 28 天。因为四年多出来的时间并不够一天，每次都会少那么一点点，所以每过一百年就要少一个闰年。因此就出现了一个一般规律：四年一闰，百年不闰，四百年再闰。这也是我们判断公历闰年的方法。

方法：

(1) 普通年能被 4 整除而不能被 100 整除的为闰年(如 2016 年是闰年，2100 年不是闰年)。

(2) 世纪年能被 400 整除而不能被 3200 整除的为闰年(如 2000 年是闰年，3200

年不是闰年)。

(3) 对于数值很大的年份能整除 3200，但同时又能整除 172800 则又是闰年(如 172800 年是闰年，86400 年不是闰年)。

公元前闰年规则如下：

(1) 非整百年：年数除 4 余数为 1 是闰年，即公元前 1、5、9、……年；

(2) 整百年：年数除 400 余数为 1 是闰年，年数除 3200 余数为 1，不是闰年，年数除 172800 余 1 又为闰年，即公元前 401、801、……年。

▶ 计算星期

已知今年 1 月 1 日是星期一，求明年 1 月 1 日是星期几？

方法：

遵循口诀：平年加 1，闰年加 2。(由平年 365 天/7=52 余 1，闰年 366 天/7=52 余 2 得出)

例子：

2002 年 9 月 1 日是星期日，2008 年 9 月 1 日是星期几？

解答：

因为从 2002 年到 2008 年一共有 6 年，其中有 4 个平年，2 个闰年，求星期，则：4×1+2×2=8，即在星期日的基础上加 8，即加 1，为星期一。

11. 归一问题

根据已知条件，解题时先求出一份是多少(归一)，如单位时间内做的工作，或者单位时间行的路程等，然后再以这个标准去求未知量，这类问题叫归一问题。

根据求"单一量"的步骤的多少，归一问题可以分为一次归一问题和两次归一问题。

一次归一问题：用一步运算就能求出单一量的归一问题，又叫单归一。

两次归一问题：用两步运算才能求出单一量的归一问题，又叫双归一。

正归一问题：用等分除法求出单一量后，再用乘法计算结果的归一问题。

反归一问题：用等分除法求出单一量后，再用除法计算结果的归一问题。

数量关系式：单一量×份数=总数量(正归一)

总数量÷单一量=份数(反归一)

例子：

小明家有 3 只猫，5 天能吃一袋 6 千克的猫粮，按这样计算，如果小明再收养 5 只猫，16 袋 5 千克的猫粮可以吃几天？

解答：

平均每只猫每天吃猫粮：6÷3÷5=0.4 千克

现在有猫 3+5=8 只

现有饲料 16×5=80 千克

可以吃的天数：80÷0.4÷8=25 天

所以 16 袋 5 千克的猫粮可以吃 25 天。

12. 归总问题

归总问题，是指在解答问题时先要计算出总数量(归总)，然后再算出所求数量是多少的应用题。

数量关系式：单位数量×单位数量的个数÷另一个单位数量=另一个单位数量的个数

例子：

一项工程由 6 个工人工作，8 天可以完成。如果再增加 2 人，多少天可以完成？

解答：

首先我们假设每个工人每天的工作量为 1。

先计算出总工作量：1×6×8=48

再求需要多少天：48÷(6+2)÷1=6(天)

所以，如果再增加 2 人，6 天可以完成全部工作量。

13. 和差倍问题

和差倍问题分为和差问题、和倍问题、差倍问题。

▶ 和差问题

已知两个数的和与差，求出这两个数各是多少的问题，叫作和差问题。

基本数量关系：(和+差)÷2=大数

(和-差)÷2=小数

解答和差问题的关键是选择合适的数作为标准，设法把若干个不相等的数变为相等的数，某些复杂的题目没有直接告诉我们两个数的和与差，可以通过转化求它们的和与差，再按照和差问题的解法来解答。

例子：

有甲、乙两堆煤，共重52吨，已知甲比乙多4吨，两堆煤各重多少吨？

解答：

我们先找出两个数的和与差。由题意：这两堆煤共重52吨，可知：两数和是52；甲比乙多4吨，可知：两数差是4。甲的煤多，甲是大数，乙是小数。

故解法如下：甲：(52+4)÷2=28(吨)

乙：28-4=24(吨)

和倍问题

已知两个数的和，又知两个数的倍数关系，求这两个数分别是多少，这类问题称为和倍问题。

要想顺利解决和倍问题，最好的方法就是根据题意，画出线段图，使数量关系一目了然，从而正确地列式计算。

解决和倍问题的基本方法：将小数看成1份，大数是小数的 n 倍，大数就是 n 份，两个数一共是 $n+1$ 份。

基本数量关系：小数=和÷($n+1$)

大数=小数×倍数　或　和-小数=大数

所以，解答和倍问题的关键是找出两数的和以及与其对应的倍数和。

如果遇到三个或三个以上的数的倍数关系，也可用这个公式(首先找最小的一个数，再找出另几个数是最小数的倍数即可)。

例子：

甲班和乙班共有图书160本，甲班的图书是乙班的3倍，甲乙两班各有图书多少本？

解答：

从题目中知，乙班的图书数较少，故乙是小数，占1份，甲占(3+1)份。

所以，乙：160÷(3+1)=40(本)

甲：160-40=120(本)

差倍问题

已知两个数的差，并且知道两个数倍数关系，求这两个数，这样的问题称为差倍问题。

解决差倍问题的基本方法：设小是 1 份，如果大数是小数的 n 倍，根据数量关系知道大数是 n 份，又知道大数与小数的差，即知道 $n-1$ 份是几，就可以求出 1 份是多少。

基本数量关系：小数=差÷$(n-1)$

大数=小数×n 或 大数=差+小数

例子：

一张桌子的价格是一把椅子的 3 倍，购买一张桌子比一把椅子贵 60 元。问桌椅各多少元？

解答：

桌子的价格与椅子的价格的差是 60，将椅子看成小数占 1 份，桌子占 3 份，份数差为 3-1。所以，根据数量关系，可求得：

椅子的价格：60÷(3-1)=30(元)

桌子的价格：30+60=90(元)

14. 相遇问题

两个运动物体做相向运动，或者在环形跑道上做背向运动，一段时间之后，必然会面对面相遇，这类问题叫作相遇问题。它的特点是两个运动物体共同走完整个路程。

相遇问题根据数量关系可分成三种类型：求路程，求相遇时间，求速度。

它们的基本关系式如下：

(1) 总路程=(甲速度+乙速度)×相遇时间

(2) 相遇时间=总路程÷(甲速度+乙速度)

(3) 甲速度=甲乙速度和-乙速度

例子：

今有甲，发长安，五日至齐；乙发齐，七日至长安。今乙发已先二日，甲乃发长安。问几何日相逢？

这个题目的大意是：甲从长安出发，需五天时间到达齐；乙从齐出发，需七天时间到达长安。现在乙从齐出发两天后，甲才从长安出发。问几天后两人相遇？

解答：

这个问题在古代是非常难的，但是现在我们来看，就是一个简单的相遇问题。设长安至齐的距离为 1，甲的速度为 1/5，乙的速度为 1/7，因为乙先出发 2 天，所以列出算式为：

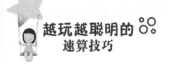

$(1-2/7)/(1/5+1/7)=25/12(天)$

也就是说，还要再经过 25/12 天两人相遇。

15. 追及问题

两个运动物体在不同地点同时出发(或者在同一地点不同时出发，或者在不同地点不同时出发)做同向运动。在后面的物体行进速度要快一些，在前面的物体行进速度慢一些，在一定时间之内，后面的物体会追上前面的物体。这类问题叫作追及问题。

它们的基本式如下：

(1) 追及时间=追及路程÷(快速-慢速)

(2) 追及路程=(快速-慢速)×追及时间

根据速度差、距离差和追及时间三者之间的关系，常用下面的公式：

(1) 距离差=速度差×追及时间

(2) 追及时间=距离差÷速度差

(3) 速度差=距离差÷追及时间

(4) 速度差=快速-慢速

解题的关键是在互相关联、互相对应的距离差、速度差、追及时间三者之中，找出两者，然后运用公式求出第三者。

追及问题的变化有很多种，比如著名的放水问题，其实质也可以理解为追及问题。

例如，一个水池有进水管和排水管，单开进水管，10 分钟可注满水，单开排水管，20 分钟可以将满池水排光。如果两管同时开，多少分钟可注满整个水池？

这个题就可以按追及问题思路来做：进水的速度是 1/10，排水的速度是 1/20，两者的差为 1/20，所以 20 分钟可以注满。

例子：

两辆车分别从甲地开往乙地，甲车每小时行驶 120 千米，乙车每小时行驶 75 千米，乙车先走 12 小时，问甲车几小时可以追上乙车？

解答：

追及距离=75×12(千米)

所以：追及时间=75×12÷(120-75)=900÷45=20(小时)

所以，要经过 20 小时甲车才能追上乙车。

扩展阅读

历史上曾经有一个非常著名的逻辑学悖论，叫阿基里斯追不上乌龟。

它的内容很有趣，说的是一名长跑运动员叫阿基里斯。一次，他和一只乌龟赛跑。假设运动员的速度是乌龟的 12 倍，这场比赛的结果是显而易见的，乌龟一定会输。

现在我们把乌龟的起跑线放在运动员前面 12km 处。那么结果会是如何呢？

有人认为，这名运动员永远也追不上乌龟！理由是：当运动员跑了 12km 时，那只乌龟也跑了 1km，在运动员的前面。当运动员又跑了 1km 的时候，那只乌龟又跑了 1/12km，还是在运动员前面。就这样一直跑下去，虽然每次距离都在拉近，但是运动员每次都必须先到达乌龟的起始地点，那么这时又相当于他们两个相距一段路程跑步了。这样下去，运动员是永远也追不上乌龟的。

你是怎么认为的呢？运动员真的追不上乌龟吗？

解答：

显而易见，运动员当然会追上乌龟，这是我们的常识。

但是从逻辑上讲，这个问题的错误在于：人们把阿基里斯追赶乌龟的路程任意地分割成无穷多段，而且认为，要走完这无穷多段路程，就非要无限长的时间不可。

起始并不是这样，因为这被分割的无限多段路程，加起来还是那个常数而已。

要确定具体的超越点也是很容易的。

可以设乌龟跑了 s 千米后可以被追上，此时运动员跑了 $s+12$ 千米。

则 $(s+12)/s=12/1$

解得 $s=12/11$ 千米。

这些哲学谜题在中国古代也有，例如"一尺之棰，日取其半，万世不竭"，是讲一根棍棒，每天用掉一半，那么永远也用不完。但是我们要注意物质和空间是不同的，空间的无限分割更复杂。根据当代物理学原理，物质的无限分割有两方面，一方面是宏观物质不能无限分割，分割到分子或者原子的时候，物质就不能保持自身了。另一方面是从物质起源看，到目前仍然不了解物质无限分割的界限，这是物理学上有关物质结构的问题。

16. 相离问题

两个运动物体由于背向运动而距离越来越远，这种问题就是相离问题。

其实从实质上说，相离问题就是反向的相遇问题。所以，解答相离问题的关键是求出两个运动物体的速度和。

基本公式有：

(1) 两地距离=速度和×相离时间

(2) 相离时间=两地距离÷速度和

(3) 速度和=两地距离÷相离时间

例子：

两个人骑自行车沿着 900 米长的环形跑道行驶，他们从同一地点反向而行，经过 18 分钟会相遇。若他们同向而行，那经过 180 分钟甲车会追上乙车，求两人骑自行车的速度？

解答：

两人的速度和=900/18=50(米/分钟)，设甲车的速度为 x，那么有：

$[x-(50-x)]\times180=900$

解得 $x=27.5$(米/分钟)

所以甲车速度为 27.5 米/分钟，乙车的速度为 50-27.5=22.5(米/分钟)。

17. 流水问题

船只顺流而下和逆流而上的问题，通常称为流水问题，又叫行船问题。流水问题实质上来讲属于行程问题，仍然可以利用速度、时间、路程三者之间的关系进行解答。

流水问题的数量关系仍然是速度、时间与距离之间的关系。即：

(1) 速度×时间=距离

(2) 距离÷速度=时间

(3) 距离÷时间=速度

但是，因为河水是流动的，就有了顺流、逆流的区别。所以，在计算流水问题时，我们要注意各种速度的含义及它们之间的关系。

船在静水中行驶，单位时间内所走的距离叫作划行速度，也叫船速；而顺水行船的速度叫顺流速度；逆水行船的速度叫作逆流速度；船不靠动力顺水而行，单位时间内走的距离叫作水流速度。各种速度的关系如下：

(1) 船速+水流速度=顺流速度

(2) 船速-水流速度=逆流速度

(3) (顺流速度+逆流速度)÷2=船速

(4) (顺流速度−逆流速度)÷2=水流速度

例子：

甲、乙两地相距 300 千米，船速为 20 千米/时，水流速度为 5 千米/小时，问来回需要多少时间？

解答：

假设去的时候顺流，则速度为 20+5=25(千米/小时)，所用时间为 300÷25=12(小时)，回来的时候逆流，则速度为 20−5=15(千米/小时)，所用时间为 300÷15=20(小时)。

12+20=32(小时)

所以，来回需要 32 小时。

18. 植树问题

按相等的距离植树，在距离、棵距、棵数这三个量之间，已知其中的两个量，要求第三个量，这类问题叫作植树问题。

植树问题基本的数量关系为：

(1) 线形植树棵数=距离÷棵距+1

(2) 环形植树棵数=距离÷棵距

(3) 方形植树棵数=距离÷棵距−4

(4) 三角形植树棵数=距离÷棵距−3

(5) 面积植树棵数=面积÷(棵距×行距)

例子：

一条河堤 136 米，每隔 2 米栽一棵垂柳，头尾都栽，一共要栽多少棵垂柳？

解答：

136÷2+1=68+1=69(棵)

所以，一共要栽 69 棵垂柳。

19. 还原问题

还原问题就是逆运算问题，是根据叙述顺序由后向前逆推计算。在计算过程中采用相反的运算方法，也就是原题加的，逆推时要减去；原题减的，逆推时要加上；原题乘的，逆推时要除去；原题除的，逆推时要乘上。

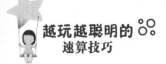

例子：

一只小猴子跑到果园里摘桃子，不一会儿就摘到了好多，他很高兴，背起来就往家走。

可是没走几步，就被山神拦住了，山神说这片果园是他的，见面要分一半。小猴子无奈，只好把桃分了一半给山神。

分完以后，山神看见小猴子的包里有一个特别大的桃，又拿走了那个桃。

小猴子很生气，背着桃悻悻地走了。

没走多远，又被风爷爷拦住了，同样风爷爷也从小猴子的包里拿走了一半外加一个桃子。

之后，小猴子又被雨神、雷神、电神用同样的办法拿了桃。等小猴子回到家的时候，包里只剩下一个桃了。

小猴子委屈地向妈妈诉说自己的遭遇。妈妈问他原来有多少个桃，小猴子说他也不知道。

但妈妈算了一下，很快就知道小猴子原来有多少个桃了。

你知道有多少个吗？

解答：

一共有 5 位神仙分走了小猴子的桃子。

最后剩下 1 个，则遇到最后一个神仙时还有(1+1)×2=4 个；

遇到第四个神仙时有(4+1)×2=10；

遇到第三个神仙时有(10+1)×2=22；

遇到第二个神仙时有(22+1)×2=46；

最开始有(46+1)×2=94。

所以小猴子原来有 94 个桃子。

20. 盈亏问题

盈就是多余，亏就是不足。盈亏问题就是指在分配物品时，往往会遇到每人少分则物品有余，每人多分则物品不足的情况。根据这些条件计算参加分配的总人数或被分配的物品总数量的问题叫作盈亏问题。

盈亏问题的特征是：因为按前后两种不同的标准分配，产生两种不同的结果，但物品的总数量和总人数是不变的。

公式：人数=盈亏总额÷两次分配数的差

例子：

幼儿园给小朋友分苹果，每人 3 个则多出 16 个苹果；如果每人 5 个，则少 4 个苹果。问有多少个小朋友，多少个苹果？

解答：

小朋友人数：(16+4)÷(5-3)=10(个)

苹果数：3×10+16=46(个)

所以有 10 个小朋友，46 个苹果。

21. 余数问题

所谓余数，就是对任意自然数 a、b、q、r，如果使得 $a \div b = q \cdots\cdots r$，且 $0 < r < b$，那么 r 叫作 a 除以 b 的余数，q 叫作 a 除以 b 的不完全商。

余数的性质：

(1) 余数小于除数。

(2) 若 a、b 除以 c 的余数相同，则 $c|a-b$ 或 $c|b-a$。

(3) a 与 b 的和除以 c 的余数等于 a 除以 c 的余数加上 b 除以 c 的余数的和除以 c 的余数。

(4) a 与 b 的积除以 c 的余数等于 a 除以 c 的余数与 b 除以 c 的余数的积除以 c 的余数。

讲余数问题，我们不可避免地要讲到剩余定理。

剩余定理又叫孙子定理，是中国古代求解一次同余式组的方法。它也是数论中一个重要定理。又称中国剩余定理。

一元线性同余方程组问题最早可见于中国南北朝时期(公元 5 世纪)的数学著作《孙子算经》卷下第二十六题，叫作"物不知数"问题，原文如下：

有物不知其数，三三数之剩二，五五数之剩三，七七数之剩二。问物几何？

即，有一个整数，用它除以三余二，除以五余三，除以七余二，求这个整数是多少？

到现在，这个问题已成为世界数学史上闻名的问题。

宋朝数学家秦九韶于 1247 年《数书九章》卷一、二《大衍类》对"物不知数"问题做出了完整、系统的解答。到了明代，数学家程大位把这个问题的算法编成了四句歌诀：

三人同行七十稀，五树梅花廿一枝；七子团圆正半月，除百零五便得知。

用现在的话来说就是：一个数用 3 除，除得的余数乘 70；用 5 除，除得的余数乘 21；用 7 除，除得的余数乘 15。最后把这些乘积加起来再减去 105 的倍数，就知道这个数是多少。

《孙子算经》中这个问题的算法是：

$70×2+21×3+15×2=233$

$233-105-105=23$

所以这些物品最少有 23 个。

我国古算书中给出的上述四句歌诀，实际上是特殊情况下给出了一次同余式组解的定理。在欧洲，直到 18 世纪，欧拉、拉格朗日(Lagrange，1736—1813，法国数学家)等，都曾对一次同余式问题进行过研究；德国数学家高斯在 1801 年出版的《算术探究》中，才明确地写出了一次同余式组的求解定理。当《孙子算经》中的"物不知数"问题解法于 1852 年经英国传教士伟烈亚力(Alexander Wylie，1815—1887)传到欧洲后，1874 年德国人马提生(Matthiessen，1830—1906)指出《孙子算经》中的解法符合高斯的求解定理。

类似的余数问题，一般有两种方法解决。

第一种是逐步满足法，方法麻烦一点，但适合所有这类题目；第二种是最小公倍法，方法简单，但只适合一部分特殊类型的题目。

下面我们分别介绍一下这两种常用方法。

(1) 通用的方法：逐步满足法。

即先满足一个条件，再满足另一个条件。好多数学题目都可以用逐步满足的思想解决。

例如：一个数，除以 5 余 1，除以 3 余 2。问这个数最小是多少？

解答：

把除以 5 余 1 的数从小到大排列：1，6，11，16，21，26，……

然后从小到大找除以 3 余 2 的数，发现最小的数是 11。

所以 11 就是所求的数。

(2) 特殊的方法：最小公倍法。

例如：一个数除以 5 余 1，除以 3 也余 1。问这个数最小是多少？(1 除外)

解答：

除以 5 余 1：说明这个数减去 1 后是 5 的倍数。

除以 3 余 1：说明这个数减去 1 后也是 3 的倍数。

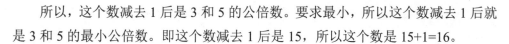

所以，这个数减去 1 后是 3 和 5 的公倍数。要求最小，所以这个数减去 1 后就是 3 和 5 的最小公倍数。即这个数减去 1 后是 15，所以这个数是 15+1=16。

例子：

一个三位数除以 9 余 7，除以 5 余 2，除以 4 余 3，这样的三位数共有多少个？

解答：

如果不考虑数位，7 是最小的满足条件的数。而 9、5、4 的最小公倍数为 180，则 187 是第二个这样的数，还有 367、547、727、907。所以一共有 5 个这样的三位数。

22. 时钟问题

时钟问题可以看作是一个特殊的圆形轨道上两人追及或相遇问题，不过这里的两个"人"分别是时钟的分针和时针。

时钟问题有别于其他行程问题是因为它的速度和总路程的度量方式不再是常规的米/秒或者千米/小时，而是两个指针"每分钟走多少角度"或者"每分钟走多少小格"。对于正常的时钟，具体为：整个钟面为 360 度，上面有 12 个大格，每个大格为 30 度；60 个小格，每个小格为 6 度。

分针速度：每分钟走 1 小格，每分钟走 6 度

时针速度：每分钟走 1/12 小格，每分钟走 0.5 度

解决这类问题的关键：

(1) 确定分针与时针的初始位置；

(2) 确定分针与时针的路程差。

基本方法：

(1) 分格方法

时钟的钟面圆周被均匀分成 60 小格，每小格我们称为 1 分格。分针每小时走 60 分格，即一周；而时针只走 5 分格，故分针每分钟走 1 分格，时针每分钟走 1/12 分格，故分针和时针的速度差为 11/12 分格/分钟。

(2) 度数方法

从角度观点看，钟面圆周一周是 360 度，分针每分钟转 360/60 度，即 6 度，时针每分钟转 360/12×60 度，即 0.5 度，故分针和时针的角速度差为 5.5 度/分钟。

下面我们分情况来详细了解一下。

▶ **时针与分针**

分针每分钟走 1 格，时针每 60 分钟 5 格，即时针每分钟走 1/12 格。每分钟时针比分针少走 11/12 格。

例子：

现在是 2 点，再过多久时针与分针第一次重合？

解答：

2 点时候，时针处在第 10 格位置，分针处于第 0 格，相差 10 格，则需经过 10÷11/12 分钟的时间。

▶ **分针与秒针**

秒针每秒钟走一格，分针每 60 秒钟走一格，则分针每秒钟走 1/60 格，每 1 秒秒针比分针多走 59/60 格

例子：

中午 12 点，秒针与分针完全重合，那么到下午 1 点时，两针重合多少次？

解答：

秒针与分针重合，秒针走得比分针快，重合后到下次再追上，秒针追赶了 60 格，即秒针追分针一次耗时，60÷59/60=3600/59 秒。而到 1 点时，总共有时间 3600 秒，则能追赶，3600÷3600/59=59 次。最后一次，两针又重合在 12 点。

▶ **时针与秒针**

时针每秒走一格，时针 3600 秒走 5 格，即时针每秒走 1/720 格，每秒钟秒针比时针多走 719/720 格。

例子：

中午 12 点，秒针与时针完全重合，那么到下次 12 点时，时针与秒针重合了多少次？

解答：

重合后再追上，只可能是秒针追赶了时针 60 格，每秒钟追 719/720 格，即一次要追 60÷719/720=43200/719 秒。而 12 个小时有 12×3600 秒，可以追 12×3600÷43200/719=710 次。此时重合在 12 点位置上。

▶ **成角度问题**

例子：

从 12 点到 13 点，钟的时针与分针可呈直角的机会有(　　)。

A. 1 次　　　　　　B. 2 次　　　　　　C. 3 次　　　　　　D. 4 次

解答：

时针与分针成直角，即时针与分针的角度差为 90 度或者为 270 度，理论上讲应为 2 次，还要验证：

根据角度差/速度差=分钟数，可得 90/5.5=16 又 4/11<60，表示经过 16 又 4/11 分钟，时针与分针第一次垂直；同理，270/5.5=49 又 1/11<60，表示经过 49 又 1/11 分钟，时针与分针第二次垂直。经验证，选 B 可以。

▶ **相遇问题**

例子：

3 点过多少分时，时针和分针离"3"的距离相等，并且在"3"的两边？

解答：

把追击问题转化为相遇问题计算。此题转化为时针以每分 1/12 格的速度，分针以每分 1 格的速度相向而行，当时针和分针离 3 距离相等，两针相遇，总行程为 15 格。所以，所用时间为：15÷(1+ 1/12)=180/13 分。

23. 集合问题

集合是指具有某种特定性质的具体的或抽象的对象汇总成的集体，这些对象称为该集合的元素。

集合的性质：

(1) 确定性：给定一个集合，任给一个元素，该元素或者属于或者不属于该集合，二者必居其一，不允许有模棱两可的情况出现。

(2) 互异性：一个集合中，任何两个元素都认为是不相同的，即每个元素只能出现一次。有时需要对同一元素出现多次的情形进行刻画，可以使用多重集，其中的元素允许出现多次。

(3) 无序性：一个集合中，每个元素的地位都是相同的，元素之间是无序的。

集合的运算：

(1) 交换律：$A \cap B = B \cap A$；$A \cup B = B \cup A$

(2) 结合律：$A \cup (B \cup C) = (A \cup B) \cup C$；$A \cap (B \cap C) = (A \cap B) \cap C$

(3) 分配对偶律：$A \cap (B \cup C) = (A \cap B) \cup (A \cap C)$；$A \cup (B \cap C) = (A \cup B) \cap (A \cup C)$

(4) 对偶律：$(A \cup B)\char`^C = A\char`^C \cap B\char`^C$；$(A \cap B)\char`^C = A\char`^C \cup B\char`^C$

(5) 同一律：$A \cup \varnothing = A$；$A \cap U = A$

(6) 求补律：$A \cup A' = U$；$A \cap A' = \varnothing$

(7) 对合律：$A'' = A$

(8) 等幂律：$A \cup A = A$；$A \cap A = A$

(9) 零一律：$A \cup U = U$；$A \cap \varnothing = \varnothing$

(10) 吸收律：$A \cup (A \cap B) = A$；$A \cap (A \cup B) = A$

(11) 反演律：$(A \cup B)' = A' \cap B'$；$(A \cap B)' = A' \cup B'$

容斥原理：

在计数时，必须注意无一重复，无一遗漏。为了使重叠部分不被重复计算，人们研究出一种新的计数方法，这种方法的基本思想是：先不考虑重叠的情况，把包含于某内容中的所有对象的数目先计算出来，然后再把计数时重复计算的数目排斥出去，使得计算的结果既无遗漏又无重复，这种计数的方法称为容斥原理。

容斥原理问题的核心公式：

(1) 两个集合的容斥关系公式：$A+B = A \cup B + A \cap B$

即：满足条件一的个数+满足条件二的个数-两者都满足的个数=总个数-两者都不满足的个数。其中，满足条件一的个数是指：只满足条件一不满足条件二的个数+两个条件都满足的个数。

(2) 三个集合的容斥关系公式：$A+B+C = A \cup B \cup C + A \cap B + B \cap C + C \cap A - A \cap B \cap C$

例子：

某大学某班学生总数为 32 人，在第一次考试中有 26 人及格，在第二次考试中有 24 人及格，若两次考试中，都没有及格的有 4 人，那么两次考试都及格的人数是(　　)。

解答：

设 A=第一次考试中及格的人(26)，B=第二次考试中及格的人(24)

显然，$A+B = 26+24 = 50$；$A \cup B = 32-4 = 28$

则根据公式 $A \cap B = A+B - A \cup B = 50-28 = 22$

所以，两次考试都及格的人数是 22 人。

24. 工程问题

工程问题是把工作总量看成单位"1"的问题。由于工程问题解题中遇到的不是具体数量，与学生的习惯性思维相逆，同学们往往感到很抽象，不易理解。而一些比较难的工程问题，其数量关系一般很隐蔽，工作过程也较为复杂，往往会出现多人多次参与工作的情况，数量关系难以梳理清晰。

另外，一些较复杂的其他问题，其实质也是工程问题，我们不要被其表面特征迷惑。

工程问题是从分率的角度研究工作总量、工作时间和工作效率三个量之间的关系，它们有如下关系：

(1) 工作效率×工作时间=工作总量；

(2) 工作总量÷工作效率=工作时间；

(3) 工作总量÷工作时间=工作效率。

扩展阅读

工程问题中的木桶原理

木桶定律是讲一只水桶能装多少水取决于它最短的那块木板。也就是说，一只木桶想盛满水，必须每块木板都一样平齐且无破损，如果这只桶的木板中有一块不齐或者某块木板下面有破洞，这只桶就无法盛满水。所以，一只木桶能盛多少水，并不取决于最长的那块木板，而是取决于最短的那块木板。也可称为短板效应。

例子：

一件工作，甲单独做 12 小时完成，乙单独做 9 小时可以完成。如果按照甲先乙后的顺序，每人每次 1 小时轮流进行，完成这件工作需要几小时？

解答：

设这件工作为"1"，则甲、乙的工作效率分别是 1/12 和 1/9。按照甲先乙后的顺序，每人每次 1 小时轮流进行，甲、乙各工作 1 小时，完成这件工作的 7/36，甲、乙这样轮流进行了 5 次，即 10 小时后，完成了工作的 35/36，还剩下这件工作的 1/36，剩下的工作由甲来完成，还需要 1/3 小时，因此完成这件工作需要 31/3 小时。

25. 浓度问题

浓度问题，又叫溶液配比问题。我们知道，将盐溶于水就得到了盐水，其中盐叫溶质，水叫溶剂，盐水叫溶液。如果水的量不变，那么盐加得越多，盐水就越浓，越咸。也就是说，盐水咸的程度即盐水的浓度，是由盐(纯溶质)与盐水(盐水溶液=盐+水)二者质量的比值决定的。这个比值就叫盐水的含盐量。类似地，酒精溶于水中，纯酒精与酒精溶液二者质量的比值叫酒精含量。因而浓度就是用百分数表示的溶质质量与溶液质量的比值。

解答浓度问题，首先要弄清浓度问题的有关概念：

(1) 溶质：像食盐这样能溶于水或其他液体的纯净物质叫溶质；

(2) 溶剂：像水这样能溶解物质的纯净液体叫作溶剂。

(3) 溶液：溶质和溶剂的混合物(像盐放到水中溶成水)叫溶液。

(4) 浓度：溶质在溶液中所占的百分率叫作浓度。浓度又称为溶质的质量分数。

(5) 浓度=溶质÷溶液×100%，或者，浓度=溶质÷(溶质+溶剂)×100%

(6) 溶液=溶质÷浓度   溶质=溶液×浓度

关于稀释、加浓：

盐水变淡——加水

盐水变淡——加比这更稀浓度的盐水

盐水变浓——加盐

盐水变浓——加比这更高浓度的盐水

盐水变浓——减水，蒸发水分

综合来说，所有关于稀释和加浓的浓度问题都可以归纳为把 a 克 P_1% 的溶液，和 b 克 P_2% 的溶液混合。如果加水，则相当于加的是浓度 0% 的溶液，加盐相当于加的是浓度 100% 的溶液。

例子：

从装满 100 克浓度为 80% 的盐水杯中倒出 40 克盐水后再倒入清水将杯倒满，这样反复三次后，杯中盐水的浓度是多少？

A.17.28%   B.28.8%   C.11.52%   D.48%

解答：

开始时，溶质为 80 克。第一次倒出 40 克，再加清水倒满，倒出了盐 80×40%，此时还剩盐 80×60%。同理，第二次，剩 80×60%×60%。第三次，剩 80×60%^{3}=17.28 克，所以最后浓度为 17.28%。

26. 统筹问题

统筹，是一种安排工作进程的数学方法。统筹就是通盘统一筹划的意思，是通过打乱、重组、优化等手段改变原本的固有办事格式，优化办事效率的一种办事方法。简单地说就是如何在最短时间内、用最有限的资源，来做更多的事情。

下面，我们主要来谈谈如何安排时间。

统筹方法关于时间的安排，可以理解为见缝插针。大的事放在空闲比较多的时间段，小事则放在空闲比较少的时间段；在完成一件事情的同时，还可以做另外一件事。这样，整个时间都能完全利用起来，从而提高办事效率，不能因为等待而让这时间空出来。所以，解决这种问题的关键是把工序安排好。

举个例子来说：

小猫咪咪心情特别好，因为今天是妈妈的生日。咪咪要给每天辛勤工作的妈妈送上一份生日礼物——亲手烹饪一盘鱼。

首先，展示一下煎鱼的步骤及所需时间：

洗鱼：5 分钟→切生姜片：2 分钟→拌生姜、酱油、酒等调料：2 分钟→把锅烧热：1 分钟→把油烧热：1 分钟→煎鱼：10 分钟

我们来计算一下，5+2+2+1+1+10=21(分钟)。也就是说前后一共需要 21 分钟。

可是问题来了，妈妈下班回家的时间是 5 点 30 分，而咪咪放学回到家的时间是 5 点 10 分，它只有 20 分钟的时间，来不及啊，你能帮它出出主意吗？

为了解决这个问题，我们可以设计以下流程图：

拌生姜、酱油、酒等调料(2 分钟)

洗鱼(5 分钟)→切生姜片(2 分钟)　　　　　　　　　　煎鱼：10 分钟

把锅烧热(1 分钟)→把油烧热(1 分钟)

即在等着把锅和油烧热的这段时间里，同时拌生姜、酱油、酒等调料，这样共享时间：5+2+2+10=19(分钟)，就可以在妈妈回来的时候给妈妈一个惊喜啦！

为什么时间节省了？

因为我们把不影响前后顺序的、可以同时做的步骤一起做了。

这就是"统筹"，把不影响前后顺序的、可以同时做的步骤一起做，把大的事情放在空闲比较多的时间段，小事情放在空闲比较少的时间段，在完成一件事情的同时，还可以做另外一件事。这样，就把整个时间充分地利用起来了。

再比如，生活中，我们都遇到过这种情景，想泡壶茶喝。

现在的情况是：开水没有；水壶要洗，茶壶茶杯要洗。怎么做？

办法一：洗好水壶，灌上凉水，放在火上；在等待水开的时间里，洗茶壶、洗

茶杯、拿茶叶；等水开了，泡茶喝。

办法二：先做好一些准备工作，洗水壶，洗茶壶茶杯，拿茶叶；一切就绪，灌水烧水；坐待水开了泡茶喝。

办法三：洗净水壶，灌上凉水，放在火上，坐待水开；水开了之后，急急忙忙找茶叶，洗茶壶茶杯，泡茶喝。

我们能一眼看出第一种办法好，最省时间。

这些实例都很简单，但生活中我们遇到的事情往往都比较复杂，如何才能安排好自己的时间呢？这就是一个人逻辑性的问题。我们常听人说：你这个人办事没有逻辑性。说的就是不会合理安排做事的顺序和时间。如果我们能够利用这种方法来考虑问题，将是大有裨益的。

例子：

某服装厂有甲、乙、丙、丁四个生产组，甲组每天能缝制 8 件上衣或 10 条裤子；乙组每天能缝制 9 件上衣或 12 条裤子；丙组每天能缝制 7 件上衣或 11 条裤子；丁组每天能缝制 6 件上衣或 7 条裤子。现在上衣和裤子要配套缝制(每套为一件上衣和一条裤子)，则 7 天内这四个组最多可以缝制多少套衣服？

解答：

我们根据题意可得出如表 2-1 所示。

表 2-1

	每天生产上衣	每天生产裤子	上衣∶裤子
甲	8	10	0.8
乙	9	12	0.75
丙	7	11	0.636
丁	6	7	0.857
综合情况	30	40	0.75

由上表我们发现，只有乙组的上衣和裤子比例与整体的上衣和裤子比例最接近，这说明其他组都有偏科情况。若用其他组去生产其不擅长的品种，则会造成生产能力的浪费。为了达到最大的生产能力，则应该让各组去生产自己最擅长的品种，然后让乙组去弥补由此而造成的偏差。因为乙组无论是生产衣服还是裤子，对整体来讲，效果相同。

上面甲、乙、丙、丁四组数据中，上衣与裤子的比值中甲和丁最大，为了缩小总的上衣与裤子的差值，又能生产出最多的裤子，甲和丁 7 天全部要生产上衣，丙中上衣和裤子的比值最小，所以让丙 7 天都做裤子，以达到裤子量的最大化，这样 7 天后，甲、丙、丁共完成上衣 98 件，裤子 77 件。

下面乙组如何分配就成了本题关键。由上面分析可知，7 天后，甲、丙、丁生产的上衣比裤子多 21 条，所以乙要多生产 21 条裤子，并使总和最大化。可设乙用 x 天生产上衣，则 $9x+21=12(7-x)$，解得 $x=3$，即乙用 3 天生产上衣 27 件，用 4 天生产裤子 48 件。于是最多生产 125 套。

所以答案应该是 125 套服装。

这种统筹问题总的思路是：先计算整体的平均比值，选出与平均比值最接近的组项放在一边，留作最后的弥补或者追平工具，然后将高于平均值的组项赋予高能力方向发挥到极限，将低于平均值的组项赋予低能力方向发挥到极限，得出总和，然后用先前挑出的组项去追平或者弥补，就可以得极限答案。

之所以这样安排，是因为最接近中值的组项，去除后对平均值的影响最小，则意味着它的去除不影响整体平均能力，但是用它去追平其余各组的能力差异时，最容易达到平衡。

27. 利润问题

商店出售商品，总是期望获得利润。例如某商品买入价(成本)是 50 元，以 70 元卖出，就获得利润 70-50=20(元)。通常，利润也可以用百分数来说，20÷50=0.4=40%，我们也可以说获得 40%的利润。

一般来说，定价和销量成反比关系。也就是说，定价低了，商品的销量就会有所增加；定价高了，商品可能就没那么好卖。所以有时为了把商品多多卖出去，需要减价，降低利润，甚至亏本。减价有时也会按定价的百分数来算，就是打折扣。减价 25%，就是按定价的(1-25%)=75%出售，通常我们称之为 75 折。

利润问题的核心公式：

(1) 利润的百分数=(卖价-成本)÷成本×100%

(2) 卖价=成本×(1+利润的百分数)

(3) 成本=卖价÷(1+利润的百分数)

(4) 定价=成本×(1+期望利润的百分数)

(5) 卖价=定价×折扣的百分数

例子：

某商品按定价的 80%(八折或 80 折)出售，仍能获得 20%的利润，则定价时期望的利润百分数是多少？

A. 40%   B. 60%   C. 72%   D. 50%

解答：

设定价是"1"，卖价是定价的 80%，就是 0.8。因为获得 20%的利润，则成本为 2/3。

定价的期望利润的百分数是 1/3÷2/3=50%。

所以期望利润的百分数是 50%。

28. 几何问题

几何问题是研究空间结构及其性质的问题。集合问题一般涉及平面图形的长度、角度、周长、面积和立体图形的表面积、体积等。

基本思路：

在一些规则图形中，我们可以运用公式进行计算；而在一些面积的计算上，如果不能直接运用公式，一般需要对图形进行割补、平移、旋转、翻折、分解、变形、重叠等操作，使不规则图形变为规则图形，再运用公式进行计算。

常用方法：

(1) 连辅助线法。

(2) 利用等底、等高的两个三角形面积相等。

(3) 大胆假设。例如有些点的设置，题目中说的是任意点，在解题时可以把任意点设置在特殊位置上，从而简化运算。

(4) 利用特殊规律。①等腰直角三角形，已知任意一条边都可以直接求出面积(直角三角形的面积=斜边的平方除以 4)。②梯形的两条对角线连线后，两腰部分的面积相等。③圆的面积占外接正方形面积的 78.5%。

(5) 圆分割平面公式。公式为：N^2-N+2，其中 N 为圆的个数。

例如：我们知道，一个圆能把平面分成两个区域，两个圆最多能把平面分成四个区域，问四个圆最多能把平面分成多少个区域？

可以用这个公式：4×4-4+2=14。所以，四个圆最多能把平面分成 14 个区域。

(6) 最大和最小。①等面积的所有平面图形当中，越接近圆的图形，其周长越小；②等周长的所有平面图形当中，越接近圆的图形，其面积越大；③等体积的所有空间图形当中，越接近球体的几何体，其表面积越小；④等表面积的所有空间图形当中，越接近球体的几何体，其体积越大。

例如：相同表面积的四面体、六面体、正十二面体及正二十面体，其中体积最大的是哪个？

A. 四面体　　　　B. 六面体　　　　C. 正十二面体　　　　D. 正二十面体

显然，正二十面体最接近球体，则体积最大。

基本公式：

我们需要掌握和记忆一些常规图形的周长、面积和体积公式。

(1) 三角形：S:面积；a:底；h:高。

$$S=ah/2$$

S：面积；a、b、c 为三边；A、B、C 分别为 a、b、c 对应的角。

$$S=(a+b+c)/2$$

$$=ab/2 \cdot \sin C$$

$$=[s(s-a)(s-b)(s-c)]/2$$

$$=a^2\sin B\sin C/(2\sin A)$$

(2) 正方形：C:周长；S:面积；a:边长。

$$C=4a$$

$$S=a^2$$

(3) 长方形：C:周长；S:面积；a:长；b:宽。

$$C=(a+b)\times 2$$

$$S=ab$$

(4) 平行四边形：S:面积；a:底；b:斜边；α:a、b 两边的夹角；h:高。

$$S=ah=ab\sin \alpha$$

(5) 梯形：S:面积；a:上底；b:下底；h:高。

$$S=(a+b)\times h\div 2$$

(6) 圆形：S:面积；C:周长；d:直径；r:半径。

$$d=2r$$

$$C=\pi d=2\pi r$$

$$S=\pi r^2$$

(7) 扇形：C:周长；S:面积；r:扇形半径；α:圆心角度数。

$$C=2r+2\pi r\times(\alpha/360)$$

$$S=\pi r^2\times(\alpha/360)$$

(8) 正方体：V:体积；S:表面积；a:棱长。

$$S=6a^2$$

$$V=a^3$$

(9) 长方体：V:体积；$S_{表}$:表面积；$S_{侧}$:侧面积；$S_{底}$:底面积；a:长；b:宽；h:高。

$$S_{表}=(ab+ah+bh)\times2$$

$$S_{底}=ab$$

$$S_{侧}=2(a+b)\times h$$

$$V=abh=S_{底}\times h$$

(10) 圆柱体：V:体积；h:高；$S_{表}$:表面积；$S_{侧}$:侧面积；$S_{底}$:底面积；r:底面半径；C:底面周长。

$$S_{底}=\pi r^2$$

$$S_{侧}=Ch$$

$$S_{表}=2S_{底}+S_{侧}$$

$$C=\pi d=2\pi r$$

$$V=S_{底}\times h=\pi r^2\times h$$

(11) 圆锥体：V:体积；h:高；$S_底$:底面积；r:底面半径；C:底面周长。

$$S_{底}=\pi r^2$$

$$C=\pi d=2\pi r$$

$$V=S_{底}\times h/3=\pi r^2\times h/3$$

(12) 球体：S:表面积；V:体积；r:半径；d:直径。

$$S=4\pi r^2$$

$$V=4\pi r^3/3$$

例子：

今有圆材，埋在壁中，不知大小。以锯锯之，深一寸，锯道长一尺。问径几何？

意思是说：有一根圆木被埋在了墙里，不知它有多粗。用锯锯 1 寸深，锯道长 1 尺。问这个圆木的直径是多大？

解答：

根据题意画图(见图 2-6)：

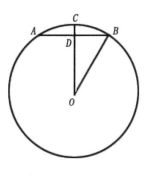

图 2-6

已知 AB=10 寸，CD=1 寸，求圆的半径 r。

$OB=r$，$OD=r-1$，$BD=5$

在三角形 BDO 中，根据勾股定理可以求出 r=13(寸)。

29. 数列问题

数列是以正整数集(或它的有限子集)为定义域的函数。简单地说，数列是一列有序的数。数列中的每一个数都叫作这个数列的项。排在第一位的数称为这个数列的第 1 项(通常也叫作首项)，排在第二位的数称为这个数列的第 2 项……排在第 n 位的数称为这个数列的第 n 项，通常用 a_n 表示。

例如：数列 1, 2, 3, 4, 5……这就是一个自然数数列。它也是最简单的一个数列。我们可以看出，它是有一定规律的，即每一项都比前一项多 1。

对于数列，我们的要求是熟悉并熟记一些常见数列，保持对数字的敏感性，同时要注意倒序。

下面列举一些常见的数列。

(1) 自然数列：1, 2, 3, 4, 5, 6, 7, 8……($a_n=n$)

(2) 自然数倒数数列：1, 1/2, 1/3, 1/4, 1/5, 1/6, 1/7, 1/8……($a_n=1/n$)

(3) 偶数数列：2, 4, 6, 8, 10, 12, 14……($a_n=2n$)

(4) 奇数数列：1, 3, 5, 7, 9, 11, 13, 15……($a_n=2n-1$)

(5) 摆动数列：-1, 1, -1, 1, -1, 1, -1, 1……[$a_n=(-1)^n$]

1, -1, 1, -1, 1, -1, 1, -1, 1……[$a_n=(-1)^{(n+1)}$]

1, 0, 1, 0, 1, 0, 1, 0, 1, 0, 1, 0, 1……{$a_n=[(-1)^{(n+1)}+1]/2$}

1, 0, -1, 0, 1, 0, -1, 0, 1, 0, -1, 0……{$a_n=\cos[(n-1)\pi/2]=\sin[n\pi/2]$}

(6) 0 位数数列：1, 11, 111, 1111, 11111……{$a_n=[(10^n)-1]/9$}

9, 99, 999, 9999, 99999……[$a_n=(10^n)-1$]

(7) 平方数列：1, 4, 9, 16, 25, 36, 49……($a_n=n^2$)

(8) 等比数列：1, 2, 4, 8, 16, 32……[$a_n=2^{(n-1)}$]

(9) 整数平方数列：4, 1, 0, 1, 4, 9, 16, 25, 36, 49, 64, 81, 100, 121, 169, 196, 225, 256, 289, 324, 361, 400……[$a_n=(n-3)^2$]

(10) 整数立方数列：-8, -1, 0, 1, 8, 27, 64, 125, 216, 343, 512, 729, 1000……[$a_n=(n-3)^3$]

(11) 质数数列：2, 3, 5, 7, 11, 13, 17……(注意倒序，如 17, 13, 11, 7, 5, 3, 2)

(12) 合数数列：4, 6, 8, 9, 10, 12, 14……(注意倒序)

(13) 斐波那契数列：1, 1, 2, 3, 5, 8, 13, 21……

(14) 大衍数列：0, 2, 4, 8, 12, 18, 24, 32, 40, 50……

(15) 三角形数：1, 3, 6, 10……[$a_n = n(n+1)/2$]

有很多数字找规律的问题(数字推理)，其实质就是数列问题。其基本思路是通过观察数列各项之间的变化，或者将两项间进行相加、相减、相乘、相除、平方、立方等运算来找出其中的规律。所谓万变不离其宗，这类问题最基本的形式是等差、等比、平方、立方、质数列、合数列等。

除此之外，还有一个变形的题目或者将几种基本形式结合起来形成的新题目。如①规律蕴含在相邻两数的差或倍数中；②前后几项为一组，以组为单位找关系才能发现规律；③需要将数列本身分解，通过对比才能发现其规律。

方法一：运算关系分析

作和法

作和法就是依此做出连续两项或者三项的和，由此得到一个新的、有特殊规律的数列。通过新数列，推知原数列的规律。

例 1：

请根据给出数字之间的规律，填写空缺处的数字。

1, 1, 2, 3, 4, 7, (　　　)

A. 6　　　　　　B. 8　　　　　　C. 9　　　　　　D. 10

解答：

题目中的数字都很小，因此考虑作和法。

1+1=2

1+2=3

2+3=5

3+4=7

4+7=11

……

正好是质数列，下一个质数应该是13，所以空缺处的数字为6。答案为A。

作差法

作差法是对原数列相邻两项依次作差,由此得到一个新的、有特殊规律的数列。通过新数列,推知原数列的规律。

例 2:

请根据给出数字之间的规律,填写空缺处的数字。

52, 57, 66, 79, 96, (   )

A. 111   B. 117   C. 121   D. 127

解答:

相邻两项依次作差,得到:

57−52=5

66−57=9

79−66=13

96−79=17

……

为公差为 4 的等差数列。所以答案为 B。

作积法

作积法是计算出数列相邻两项的积,探寻出其与数列各数字之间的联系,从而确定整个数列的规律。

例 3:

请根据给出数字之间的规律,填写空缺处的数字。

1, 7, 7, 9, 3, (   )

A. 1   B. 7   C. 2   D. 3

解答:

此题的规律为前两项相乘后,取其个位数即为第三项。所以答案为 B。

作商法

作商法是对原数列相邻两项依次作商,由此得到一个新的、有特殊规律的数列。通过新数列,推知原数列的规律。

例 4:

请根据给出数字之间的规律,填写空缺处的数字。

4, 6, 12, 30, 90, (   )

A. 120 B. 175 C. 230 D. 315

解答：

相邻两个数依次作商，得到：

6÷4=1.5

12÷6=2

30÷12=2.5

90÷30=3

......

为等差数列。下一项应为 90×3.5=315，所以选 D。

转化法

转化法是将数列前面的项按照某一特定的规律转化可以得到后面的项，整个数列每一项都有此规律。

例 5：

请根据给出数字之间的规律，填写空缺处的数字。

1, 3, 8, 19, 42, ( )

A. 78 B. 89 C. 90 D. 115

解答：

在其他思路行不通时可以考虑转化法。

1×2+1=3

3×2+2=8

8×2+3=19

19×2+4=42

所以结果为 42×2+5=89，答案为 B。

拆分法

拆分法就是把数列的每一项都拆分成两部分，这两部分分别有一个特定的规律。

例 6：

请根据给出数字之间的规律，填写空缺处的数字。

2, 9, 25, 49, 99, ( )

A. 133 B. 143 C. 153 D. 163

解答：

将数列的每一项进行拆分：

2=1×2

9=3×3

25=5×5

49=7×7

99=9×11

……

第一部分为奇数数列，第二部分为质数数列，下一项应该为11×13=143。

所以答案为B。

方法二：数项特征分析

数列的数项特征比较常见的是整除性。

整除性是指一个整数可以被哪些整数整除。每个正整数除了可以被1和它本身整除以外，它的约数越多，整除性越好。

常用的整除规则：

(1) 所有偶数都可以被2整除；

(2) 各位数字之和能被3整除的数能被3整除；

(3) 个位数字为0或5的数字可以被5整除；

(4) 能同时被2和3整除的数也能被6整除；

(5) 各位数字之和能被9整除的数能被9整除。

例7：

请根据给出数字之间的规律，填写空缺处的数字。

1，6，20，56，144，(　　　)

A. 256　　　　　　B. 278　　　　　　C. 352　　　　　　D. 360

解答：

除了第一项1外，其他的各项都有很好的整除性，所以本题考虑将各项拆分。1只能拆分成1×1，6拆分成2×3，20拆分成4×5，56拆分成8×7，144拆分成16×9。我们可以看出拆分后第一个乘数分别是1，2，4，8，16……；第二个乘数为1，3，5，7，9……

前者是等比数列，后者是等差数列。所以空缺处应该为32×11=352。

故答案为C。

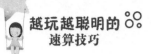
30. 图形推理

图形推理即通过给出的若干个图形之间的规律,从给出的选项中找出一个符合其规律的图形。

方法一:特征分析法

特征分析法是从题目中的典型图形、构成图形的典型元素出发,大致确定图形推理规律的范围,再结合其他图形和选项确定图形推理规律的分析方法。

一般常用的图形特征有:封闭性、对称性、直曲性、结构特征等。

例1:

根据所给图形的规律,下一个图形应该是哪个?如图2-7所示。

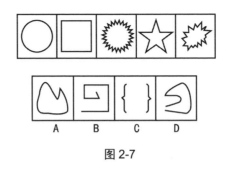

图 2-7

解答:

选择 A。只有 A 和给出的图形规律相同,即是闭合的图形。

方法二:求同分析法

有的时候,给出的图形形状各异,没有什么明显规律,此时可以通过寻找这组图形的相同点,来确定其规律,这种方法叫求同分析法。

例2:

下面给的四个选项中,哪一个图形与所给图形是同一类的?如图2-8所示。

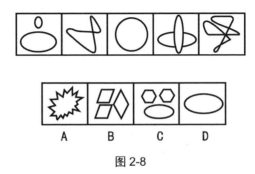

图 2-8

解答：

选择 D。图 2-8 的五个图案看不出什么变化的规律，但都是由曲线组成的，只有 D 是完全由曲线构成的，其他的图形中都含有直线。

方法三：对比分析法

当题目中所给的一组图形在构成上有很多相似点，但通过求同分析法无法解决问题时，可以通过对比分析，寻找图形间的细微差别或者转化方式来解决问题。

例 3：

根据所给图形的规律，下一个图形应该是哪个？如图 2-9 所示。

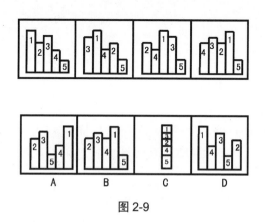

图 2-9

解答：

选择 C。所有的图形都是由标号 1～5 的五个竖条组成。规律为每根竖条按照它上面标的数字来移动，标"1"的每次向下移动 1 格，标"2"的每次向下移动 2 格……向下移出范围了就从上边出现。这样第四次移动后，所有的竖条都出现在第五条的位置，也就是 C 选项。

方法四：位置分析法

位置分析法是根据组成图形的不同小图形间的相对位置的变化，或者同一个图形的位置、角度变化，找出特定的规律的方法。

一般通过移动、旋转、翻转等方式形成图形的位置变化。

例 4：

根据所给图形的规律，问号处应该填什么图形？如图 2-10 所示。

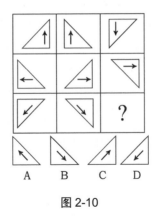

图 2-10

解答：

选择 C。每一行都有这样的规律，第一个图案左右翻转得到第二个图案；第二个图案上下翻转得到第三个图案。

方法五：综合分析法

大多数图形推理题目都不是通过单一方法可以解决的，需要综合运用不同推理方法，只有这样才能应对所有的图形推理题目。

例 5：

从选项中找出一个图形填在题目中的问号处，使所给的九个图形符合某一特定的规律。如图 2-11 所示。

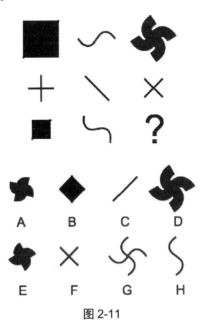

图 2-11

解答：

选择 E。第一行的正方形经过扭曲变换成风车状；第二行的加号经过倾斜变成乘号；第三行的小正方形要经过扭曲和倾斜两种变换，得到的就是所要的图形。

31. 方阵问题

方阵问题即学生排队或者士兵列队。横着排叫作行，竖着排叫作列。如果行数与列数都相等，则正好排成一个正方形，这种队形就叫方队，也叫作方阵(亦叫乘方问题)。

方阵分为实心方阵和空心方阵。

方阵问题的特点：方阵每边的人或物的数量相等；相邻两层每边数量相差 2。

方阵问题核心公式：

(1) 方阵总人数=最外层每边人数的平方。

(2) 方阵外一层总人数比内一层的总人数多 8 (行数和列数分别大于 2)。

(3) 方阵最外层每边人数=(方阵最外层总人数÷4)+1，方阵最外层总人数=(方阵最外层每边人数-1)×4。

(4) 空心方阵的总人数=(最外层每边人数-空心方阵的层数)×空心方阵的层数×4

(5) 去掉一行一列的总人数=去掉的每边人数×2-1

例子：

五年级学生分成两队参加学校广播操比赛，他们排成甲、乙两个方阵，其中甲方阵每边的人数等于 8，如果两队合并，可以另排成一个空心的丙方阵，丙方阵每边的人数比乙方阵每边的人数多 4 人，甲方阵的人数正好填满丙方阵的空心。五年级参加广播操比赛的一共有多少人？

解答：

设乙方阵最外边每边人数为 x，则丙方阵最外边每边人数为 $x+4$。

$8×8+x×x=(x+4)(x+4)-8×8$

求出 $x=14$

所以，总人数：$14×14+8×8=260$ 人。

32. 统计问题

统计，指对某一现象有关的数据的收集、整理、计算、分析、解释、表述等的活动。

▶ 平均数

平均数是表示一组数据集中趋势的量数,是指在一组数据中所有数据之和再除以这组数据的个数。它是反映数据集中趋势的一项指标。

算术平均数

算术平均数是指在一组数据中所有数据之和再除以数据的个数。它是反映数据集中趋势的一项指标。

把 n 个数的总和除以 n,所得的商叫作这 n 个数的算术平均数。

公式: $An = \dfrac{a_1 + a_2 + a_3 + \cdots + a_n}{n}$

几何平均数

n 个观察值连乘积的 n 次方根就是几何平均数。根据资料的条件不同,几何平均数分为加权和不加权之分。

公式: $Gn = \sqrt[n]{a_1 \cdot a_2 \cdot a_3 \cdots \cdots a_n}$

调和平均数

调和平均数是平均数的一种。但统计调和平均数,与数学调和平均数不同。在数学中调和平均数与算术平均数都是独立的自成体系的。计算结果,两者不相同且前者恒小于后者。

数学调和平均数定义为:数值倒数的平均数的倒数。但统计加权调和平均数则与之不同,它是加权算术平均数的变形,附属于算术平均数,不能单独成立体系,且计算结果与加权算术平均数完全相等。主要是用来解决在无法掌握总体单位数(频数)的情况下,只有每组的变量值和相应的标志总量,而需要求得平均数的情况下使用的一种数据方法。

公式: $Hn = \dfrac{n}{\dfrac{1}{a_1} + \dfrac{1}{a_2} + \dfrac{1}{a_3} + \cdots + \dfrac{1}{a_n}}$

加权平均数

加权平均数是不同比重数据的平均数,加权平均数就是把原始数据按照合理的比例来计算,若 n 个数中,x_1 出现 f_1 次,x_2 出现 f_2 次,$\cdots$,x_k 出现 f_k 次,那么 $\dfrac{x_1 f_1 + x_2 f_2 + \cdots + x_k f_k}{f_1 + f_2 + \cdots + f_n}$ 叫作 x_1,x_2,$\cdots$,x_k 的加权平均数。f_1,f_2,$\cdots$,f_k 是 x_1,x_2,$\cdots$,x_k 的权。

公式：$\overline{X} = \dfrac{x_1 f_1 + x_2 f_2 + \cdots + x_k f_k}{n}$

平均数是加权平均数的一种特殊情况，即各项的权相等时，加权平均数就是算术平均数。

平方平均数

平方平均数是 n 个数据的平方的算术平均数的算术平方根。

公式：$Mn = \sqrt{\dfrac{a_1^2 + a_2^2 + a_3^2 + \cdots + a_n^2}{n}}$

指数平均数

指数平均数，其构造原理是对股票收盘价进行算术平均，并根据计算结果来进行分析，用于判断价格未来走势的变动趋势。

▶ 中位数

中位数，又称中点数，中值。中位数是按顺序排列的一组数据中居于中间位置的数，即在这组数据中，有一半的数据比它大，有一半的数据比它小，用 $m_0 \cdot 5$ 来表示中位数。

有一组数据：

$$X_1,\ X_2,\ \ldots,\ X_n$$

将它按从小到大的顺序排序为：

$$X_{(1)},\ \ X_{(2)},\ \ldots,\ \ X_{(N)}$$

则当 N 为奇数时：

$$m_0 \cdot 5 = X_{\frac{N+1}{2}}$$

当 N 为偶数时：

$$m_0 \cdot 5 = \dfrac{X_{\frac{N}{2}} + X_{\frac{N}{2}+1}}{2}$$

一个数集中最多有一半的数值小于中位数，也最多有一半的数值大于中位数。如果大于和小于中位数的数值个数均少于一半，那么数集中必有若干个值等同于中位数。

中位数的特点：

(1) 中位数是以它在所有标志值中所处的位置确定的全体单位标志值的代表值，不受分布数列的极大或极小值影响，从而在一定程度上提高了中位数对分布数

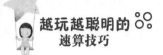

列的代表性。

(2) 有些离散型变量的单项式数列，当次数分布偏态时，中位数的代表性会受到影响。

(3) 中位数趋于一组有序数据的中间位置。

▶ 众数

众数是样本观测值在频数分布表中频数最多的那一组的组中值，主要应用于大面积普查研究之中。一般来说，一组数据中，出现次数最多的数就称为这组数据的众数。如果有两个或两个以上个数出现次数都是最多的，那么这几个数都是这组数据的众数。

众数是在一组数据中出现次数最多的数据，是一组数据中的原数据，而不是相应的次数。

一组数据中的众数不止一个，如数据 2、3、-1、2、1、3 中，2、3 都出现了两次，它们都是这组数据中的众数。

例如：1、2、3、3、4 的众数是 3。

如果所有数据出现的次数都一样，那么这组数据没有众数。

33. 概率问题

概率，是对随机事件发生的可能性的度量，一般以一个在 0 到 1 之间的实数表示一个事件发生的可能性大小。越接近 1，该事件更可能发生；越接近 0，则该事件更不可能发生，其是客观论证，而非主观验证。

概率具有以下 7 个性质：

性质 1：$P(\varnothing)=0$；

性质 2：(有限可加性)当 n 个事件 $A_1,\cdots,A_n$ 两两互不相容时：$P(A_1\cup\cdots\cup A_n)=P(A_1)+\cdots+P(A_n)$；

性质 3：对于任意一个事件 A：$P(A)=1-P(非 A)$；

性质 4：当事件 A,B 满足 A 包含于 B 时：$P(B-A)=P(B)-P(A)$，$P(A)\leqslant P(B)$；

性质 5：对于任意一个事件 A，$P(A)\leqslant 1$；

性质 6：对任意两个事件 A 和 B，$P(B-A)=P(B)-P(AB)$；

性质 7：(加法公式)对任意两个事件 A 和 B，$P(A\cup B)=P(A)+P(B)-P(A\cap B)$。

34. 比例问题

比例是一项相当重要的知识，它与分数、比和除法等问题之间都存在着非常密切的联系。

我们首先要学习一下这些基本概念。

(1) 比：两个数相除又叫两个数的比。比号前面的数叫比的前项，比号后面的数叫比的后项。

(2) 比值：比的前项除以后项的商，叫作比值。

(3) 比的性质：比的前项和后项同时乘以或除以相同的数(0除外)，比值不变。

(4) 比例：表示两个比相等的式子叫作比例。$\left(a:b=c:d \text{ 或 } \dfrac{a}{b}=\dfrac{c}{b} \right)$

(5) 比例的性质：两个外项积等于两个内项积(交叉相乘)。$(ad=bc)$

(6) 正比例：若 A 扩大或缩小几倍，B 也扩大或缩小几倍(AB 的商不变时)，则 A 与 B 成正比。$\left[\dfrac{A}{B}=k(k \text{ 一定}) \right]$

(7) 反比例：若 A 扩大或缩小几倍，B 也缩小或扩大几倍(AB 的积不变时)，则 A 与 B 成反比。$[A \times B=k(k \text{ 一定})]$

(8) 比例尺：图上距离与实际距离的比叫作比例尺。

学习和掌握比例的基本性质以及正、反比例的意义及其正、反比例的判断方法，可以使在解答一些较复杂的数学问题时，由繁变简，化难为易。

比例问题的重点在于正确找出两种相关联的量，并明确二者间的比例关系。所以解题的关键是要从两点入手：第一，"和谁比"；第二，"增加或减少多少"。

例子：

黄金的纯度一般用 K 来表示。24K 是指 100%的纯金，12K 就是纯度为 50%，18K 是 75%。当你在买金制品的时候，上面的纯度记号一般是三位数字，已知：375 表示 9K，583 表示 14K。请问：750 表示多少 K？

答案：

因为纯金是 24K，9K 黄金的纯度以三位数字表示为 375。

用比也可以算出来。

$9/375=x/750$

解得：$x=18$

或者也可以将这个三位数乘上 0.024 就可以转换成 K 数。

所以 750 表示 18K。

35. 近似数问题

近似数(approximate number)是指与准确数相近的一个数。例如，我国的人口无法计算准确数目，但是可以说出一个近似数，比如说我国人口有 14 亿，14 亿就是一个近似数。

一个数与准确数相近，这一个数称之为近似数。

一个近似数四舍五入到哪一位，那么就说这个近似数精确到哪一位，从左边第一个不是 0 的数字起到精确的数位止的所有数字。

▶ 有效数字

与实际数字比较接近，但不完全符合的数我们称之为近似数。

对近似数，人们常需知道它的精确度。一个近似数的精确度通常有以下两种表述方式：

用四舍五入法表述。一个近似数四舍五入到哪一位，就说这个近似数精确到哪一位。

另外还有进一和去尾两种方法。

用有效数字的个数表述。有四舍五入得到的近似数，从左边第一个不是零的数字起，到末位数字为止的数所有数字，都叫作这个数的有效数字。

在通常情况下，近似数相加减，精确度最低的一个已知数精确到哪一位，和或者差也至多只能精确到这一位。例如，一个同学前一年体重 30.4 千克，第二年体重比前一年增加了 3.18 千克。求第二年体重时要把这两个近似数加起来。因为 30.4 只精确到十分位，比 3.18 的精确度(精确到百分位)低，所以加得的和最多也只能精确到十分位。

求积的近似值和商的近似值的异同点：

为了容易看出计算结果的可靠程度，我们在竖式中每一个加数末尾添上一个"？"，用来表示被截去的数字。

30.4？

+ 3.18

33.5？

可以看到，因为第一个加数从百分位起的数就不能确定，所以加得的和从百分位起数字也不能确定。

近似数的加减一般可按下列法则进行：①确定计算结果能精确到哪一个数位；②把已知数中超过这个数位的尾数"四舍五入"到这个数位的下一位；③进行计算，并且把算得的数的末一位"四舍五入"。

求近似数的方法一般有以下 3 种：

(1) 四舍五入法

四舍五入是一种精确度的计数保留法，与其他方法本质相同。但特殊之处在于，采用四舍五入，能使被保留部分与实际值差值不超过最后一位数量级的二分之一：假如 0～9 等概率出现的话，对大量的被保留数据，这种保留法的误差总和是最小的。这也是我们使用这种方法为基本保留法的原因。

为适当地去除类似小数点，又不影响实际尺寸的准确性，在这里介绍数学中的四舍五入计算法。应该在哪一位置施行四舍五入呢？ 以毫米为单位来说，假如它在第三位，我们就在第四位作四舍五入，先看第四位：如果是 4 或者比 4 小，就把它舍去。

如果是 5 或者比 5 大，也把它舍去，但要向它的左边单位上进 1，这种方法就叫四舍五入法。例如π被四舍五入，保留下 3.14。

四舍时，近似数比准确数小，五入时，近似数比准确数大。

(2) 进一法

进一法是去掉多余部分的数字后，在保留部分的最后一个数字上加 1。这样得到的近似值为过剩近似值(即比准确值大)。

在我们的现实生活中为了使结果更符合贴近客观现实或者使结果有意义，有时不能用四舍五入法，而会用到进一法(即省略的位上只要大于零都要进一位)。

例如，一条麻袋能装小麦 200 斤，现有 880 斤小麦，需要几条麻袋才能装完？用 880 除以 200，商为 4，余数为 80，即使用 4 条麻袋不可能装完，因此必须采用进一法用 5 条麻袋才能装完。

有的时候不可以用四舍五入的方法，而要用"进一法"和"去尾法"。例如，288 名学生春游，45 人一辆大巴，算下来是 6.4 辆大巴，但是必须进一才可以不让人多出来、不让车少，因为车的数量不能为小数，所以需要 7 辆大巴。再例如，1016 升汽油，要给汽车加油，20 升一辆，平均可加 50.8 辆，但是必须去尾才可以不让车多出来、让油少，因为车的数量不能为小数，所以只可以给 50 辆汽车加油。

(3) 去尾法

去尾法是去掉数字的小数部分，取其整数部分的常用的数学取值方法，其取的值为近似值(比准确值小),这种方法常常被用在生活之中。也叫去尾原则。

去尾法一般是把所要求去尾的数值化成小数,然后直接去掉小数部分,取整数部分的值,有一符号可表示:"(   )"。

例:(3.25789)≈3   (π)≈3   (3.999)≈3

去尾法的实际应用很多,如"裁布制衣"问题,在布料有多余时,通常舍去小数部分。

例:每件儿童衣服要用布 1.2 米,现有布 17.6 米,可以做这样的衣服多少件?

解:17.6÷1.2=14.66…

结果得 14.66…,如果按照四舍五入法截取近似值,那么应该得 15 件。但是做衣服的事儿,大家都明白,剩下的布虽然能做 0.6 件,但是不够做成一件的布,只能采取去尾法。即:

17.6÷1.2=14.66…≈14(件)

答:可以做成这样的衣服 14 件。

▶ 估算法

什么是估算?估算就是在精确度要求不太高的情况下,进行粗略的估值。也就是大致推算。估算一般有三种情况:一是推算最大值,二是推算最小值,三是推算大约多少。

估算法毫无疑问是速算第一法,也是学生计算能力中很重要的一个方面,在所有计算进行之前都要首先考虑能否先行估算。一般在选择题中选项相差较大,或者在被比较的数据相差较大的情况下使用。比如对于一些选择题,我们可以根据数量关系、各数字之间的特性等判断出答案的一个大致范围,然后结合选项提供的信息来得出唯一的正确答案。

还有的估算是要先对参与计算的数值取其近似值,把一个比较复杂的计算题变成可以口算的简单计算,得出一个近似值。例如,估算 32×55 的最大值:可以把它们都放大一些,按比原来大的整十数来计算,所以最大值是 40×60=2400;最小值:把它们都缩小一些,按比原来小的整十数计算,所以最小值是 30×50=1500;至于大约等于多少:可以采用"四舍五入法"取接近的数来计算,大约在 30×60=1800;如果想精度高一点,还可以只四舍五入一个数,变成 30×55=1650。

进行估算的前提是选项或者待比较的数字相差必须比较大,并且这个差别的大小决定了"估算"时候的精度要求。而且,一般来说,各元素的大小关系较为隐蔽,需要经过一定的对比分析才能得到。

估算的功能分为两个方面，一是数学上的功能，例如培养数感(如判断 24×12=2408 计算结果的合理性)，为精确计算作准备(如要计算 492÷12 时，往往先用 480÷10 或 490÷10 或 500÷10 来试商)。二是估算在生活中的应用，当无法精确计算或没有必要精确计算时，有时用估算也能解决问题。

试商

在求商的时候，有时不能一次得出准确的商，需要先估算一下，然后再进行调整。如果商大了要调小，如果商小了要调大，这个过程叫作试商。

试商的方法：

(1) 四舍五入法

当除数接近整十、整百的数时，常可以用四舍五入法试商。

例如，如果除数是 29，可以当成 30 去试除，如果除数是 82，可以当成 80 去试除。

(2) 去尾法

把除数直接去尾成整十、整百的数试除。

用这种方法，一般初商有时会偏大，需要适当调小。

例如，246÷42，用去尾法，把除数当成 40 去试除，得到初商 6。再调整为 5。

(3) 进一法

把除数直接进一成整十、整百的数试除。

用这种方法，一般初商有时会偏小，需要适当调大。

例如，246÷48，用进一法，把除数当成 50 去试除，得到初商 4。在调整为 5。

(4) 同舍同入法

把被除数和除数一起舍或者入，然后试除。

例如，257÷38，试商时可以把被除数当成 260，除数当 40，进行试商。(同入) 382÷41，试商时可以把被除数当成 380，除数当 40，进行试商。(同舍)

(5) 同头无除试商法

如果被除数和除数首位相同(同头)，但却不够除(无除)，一般可以用 9、8 或 7 来试商。

例如，3452÷38，被除数前两位为 34，除数为 38，头相同但不够除，此时初商可以用 9、8 或 7 来试商。

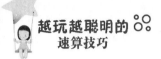

(6) 折半法

当被除数的前两位接近除数的一半时，可以用 5 或 4 来试商。

例如，1928÷38，被除数的前两位正好等于除数的一半，所以可以用 5 来试商。如果被除数的前两位比除数的一半大一点点，那么也可以用 5 来试商；如果被除数的前两位比除数的一半小一点点，则可以用 4 来试商。

除数是两位数的除法巧妙试商

除法的目的是求商，但从被除数中突然看不出含有多少商时，可以试商。如果除数是两位数的除法，可以采用下面一些巧妙试商方法，提高计算速度。

方法一：用"商五法"试商。

(1) 当除数(两位数)的 10 倍的一半，与被除数相等(或相近)时，可以直接试商"5"。

(2) 当被除数前两位不够除，且被除数的前两位恰好等于(或接近)除数的一半时，可以直接试商"5"。

例子：

计算 2385÷45=_____

符合第二条，前两位不够除，而且 23 与 45 的一般很接近。

所以可以试商 5

所以 2385÷45=53

方法二：同头无除商 8、9。

被除数和除数最高位上的数字相同，且被除数的前两位不够除。这时，商定在被除数高位数起的第三位上面，直接商 8 或商 9。

例子：

计算 4176÷48=_____

被除数和除数最高位上的数字相同，且被除数的前两位不够除

所以可以第三位试商 8 或 9

所以 4176÷48=87

方法三：用"商九法"试商。

当被除数的前两位数字临时组成的数小于除数，且前三位数字临时组成的数与除数之和，大于或等于除数的 10 倍时，可以一次定商为"9"。

例子：

计算 4508÷49=_____

因为 45<49，且 450+49=499>490

所以被除数的第三位上可以商 9。

所以 4508÷49=92

方法四：用差数试商。

当除数是 11,12,13,…, 19，被除数前两位又不够除的时候，可以用"差数试商法"，即根据被除数前两位临时组成的数与除数的差来试商的方法。

(1) 若差数是 1 或 2，则初商为 9；

(2) 差数是 3 或 4，则初商为 8；

(3) 差数是 5 或 6，则初商为 7；

(4) 差数是 7 或 8，则初商是 6；

(5) 差数是 9 时，则初商为 5；

(6) 若不准确，则调小 1。

为了便于记忆，我们可将它编成下面的口诀：

差一差二商个九，差三差四八当头；

差五差六初商七，差七差八先商六；

差数是九五上阵，试商快速无忧愁。

例子：

计算 1278÷17=_____

17 与 12 的差为 5，初商为 7，经试除，商 7 正确

所以 1278÷17=75

36. 式与方程问题

▶ 解方程的依据

(1) 加减乘除各部分之间的关系

一个加数+另一个加数=和

一个加数=和−另一个加数

被减数−减数=差

被减数=差+减数

减数=被减数−差

一个因数×另一个因数=积

一个因数=积÷另一个因数

被除数÷除数=商

被除数=商×除数

除数=被除数÷商

(2) 等式的性质

性质一：等式两边同时加上(或减去)同一个数，所得的结果仍是等式。

性质二：等式两边同时乘上(或除以)相同的数(0 除外)，所得的结果仍是等式。

▶ 二元一次方程的解法

我们都学习过二元一次方程组，一般的解法是消去某个未知数，然后代入求解。例如下面的问题：

$$\begin{cases} 2x + y = 5 \cdots\cdots ① \\ x + 2y = 4 \cdots\cdots ② \end{cases}$$

一般的解法是把①式写成 $y=5-2x$ 的形式，代入到②式中，消去 y，解出 x，然后代入解出 y。或者将①式等号两边同时乘以 2，变成 $4x+2y=10$，与②式相减，消去 y，解出 x，然后代入解出 y。

这种方法在 x、y 的系数比较小的时候用起来比较方便，一旦系数变大，计算起来就复杂很多了。下面我们介绍一种更简单的方法。

方法：

(1) 将方程组写成 $\begin{cases} ax + by = c \\ dx + ey = f \end{cases}$ 的形式。

(2) 将两个式子中 x、y 的系数交叉相乘，并相减，所得的数作为分母。

(3) 将两个式子中 x 的系数常数交叉相乘，并相减，所得的数作为 y 的分子。

(4) 将两个式子中常数和 y 的系数交叉相乘，并相减，所得的数作为 x 的分母。

(5) 即 $x=(ce-fb)/(ae-db)$；$y=(af-dc)/(ae-db)$

例子：

$$\begin{cases} 9x + y = -5 \\ 7x + 2y = 1 \end{cases}$$

首先计算出 x、y 的系数交叉相乘的差，即 $9×2-7×1=11$。

再计算出 x 的系数与常数交叉相乘的差，即 $9×1-7×(-5)=44$。

最后计算出常数与 y 的系数交叉相乘的差，即 $(-5)×2-1×1=-11$。

这样 $x=-11/11=-1$；$y=44/11=4$

所以结果为 $\begin{cases} x = -1 \\ y = 4 \end{cases}$

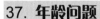

37. 年龄问题

年龄问题，一般是已知两个人或若干个人的年龄，求他们年龄之间的某种数量关系等。年龄问题又往往是和倍、差倍、和差等问题的综合，有一定的难度，因此解题时需抓住其特点。

对于年龄问题，我们要知道的是每过一年，所有的人都长了一岁。而且不管时间如何变化，两人的年龄的差总是不变的。所以年龄问题的关键是"大小年龄差不变"。

几年前的年龄差和几年后的年龄差是相等的，即变化前的年龄差=变化后的年龄差。解题时将年龄的其他关系代入上述等式即可求解。

解答年龄问题的一般方法：

(1) 几年后年龄=大小年龄差÷倍数差-小年龄

(2) 几年前年龄=小年龄-大小年龄差÷倍数差

例子：

小张在一所学校当老师，最近学校新进两名同事小李和老王。小张想知道小李的年龄。小李喜欢开玩笑，于是对小张说："想知道我的年龄并不难，你猜猜看吧！我的年龄和老王的年龄合起来是 48 岁，老王现在的年龄是我过去某一年的年龄的两倍；在过去的那一年，老王的年龄又是将来某一年我的年龄的一半；而到将来的那一年，我的年龄将是老王过去当他的年龄是我的年龄三倍时的年龄的三倍。你能算出来我现在是多少岁了吗？"

小张被绕糊涂了，你能帮他算出来小李现在的年龄吗？

解答：

设小李 x 岁，老王 y 岁。

"老王现在的年龄是我过去某一年的年龄的两倍"，在这一年，小李 $y/2$ 岁，老王 $y-(x-y/2)=3y/2-x$ 岁；

"在过去的那一年，老王的年龄又是将来某一年我的年龄的一半"，在这个时刻，小李 $3y-2x$ 岁；

"老王过去当他的年龄是我的年龄三倍时"，这时老王的年龄是 $(3y-2x)/3=y-2x/3$ 岁，小李的年龄是 $(y-2x/3)/3=y/3-2x/9$ 岁；

因为是同一年，所以有等式：$x-(y/3-2x/9)=y-(y-2x/3)$；化简为：$5x=3y$；

因为 $x+y=48$，解得 $x=18$。所以小李现在的年龄是 18 岁。

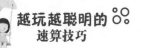

38. 抽屉问题

　　抽屉原理有时也被称为鸽巢原理。抽屉原理是德国数学家狄利克雷首先明确提出来并用以证明一些数论中的问题，因此，也称为狄利克雷原理。它是组合数学中一个重要的原理。

　　假设，桌上有 10 个苹果，要把这 10 个苹果放到 9 个抽屉里，无论怎样放，我们会发现至少会有一个抽屉里面至少放 2 个苹果。这一现象就是我们所说的"抽屉原理"。

　　抽屉原理的一般含义："如果每个抽屉代表一个集合，每一个苹果就可以代表一个元素，假如有 $n+1$ 个元素放到 n 个集合中去，其中必定有一个集合里至少有 2 个元素。"

　　抽屉原理有以下几种形式：

　　(1) 抽屉原理 1：把多于 $n+1$ 个的物体放到 n 个抽屉里，则至少有一个抽屉里的东西不少于两件。

　　(2) 抽屉原理 2：把多于 $(mn+1)$ 个的物体放到 n 个抽屉里，则至少有一个抽屉里有不少于 $(m+1)$ 的物体(m、n 不等于 0)。

　　(3) 抽屉原理 3：如果有无穷件东西，把它们放在有限多个抽屉里，那么至少有一个抽屉里含无穷件东西。

　　(4) 抽屉原理 4：把 $(mn-1)$ 个物体放入 n 个抽屉中，其中必有一个抽屉中至多有 $(m-1)$ 个物体。

　　应用抽屉原理解题，关键在于构造抽屉。并分析清楚问题中，哪个是物件，哪个是抽屉。构造抽屉的常见方法有：图形分割、区间划分、整数分类(剩余类分类、表达式分类等)、坐标分类、染色分类等。

例子：

属相有 12 个，那么任意 49 个人中，至少有几个人的属相是相同的呢？

解答：

　　在一个问题中，一般较多的一方是物件，较少的一方是抽屉。属相有 12 个，是抽屉，49 个人是物件。所以，一个抽屉中至少有 49/12，即 4 余 1，余数舍去，所以至少有 4 个人的属相是相同的。

39. 排列组合问题

　　排列组合是组合学最基本的概念。所谓排列，就是指从给定个数的元素中取出指定个数的元素进行排序。组合则是指从给定个数的元素中仅仅取出指定个数的元素，不考虑排序。排列组合的中心问题是研究给定要求的排列和组合可能出现的情况总数。

排列的定义：从 n 个不同元素中，任取 $m(m \leq n, m$ 与 n 均为自然数,下同)个元素按照一定的顺序排成一列，叫作从 n 个不同元素中取出 m 个元素的一个排列；从 n 个不同元素中取出 $m(m \leq n)$ 个元素的所有排列的个数，叫作从 n 个不同元素中取出 m 个元素的排列数，用符号 $A(n,m)$ 表示。

组合的定义：从 n 个不同元素中，任取 $m(m \leq n)$ 个元素并成一组，叫作从 n 个不同元素中取出 m 个元素的一个组合；从 n 个不同元素中取出 $m(m \leq n)$ 个元素的所有组合的个数，叫作从 n 个不同元素中取出 m 个元素的组合数。用符号 $C(n,m)$ 表示。

排列组合问题的解题技巧：

(1) 能直接数出来的，尽量不用排列组合来求解，容易出错。

(2) 分步分类处理。

例子：

要从三男两女中安排两人周日值班，至少有一名女职员参加，有多少种不同的排法？

解答：

当只有一名女职员参加时，$C(1, 2) \times C(1, 3)$ 种；

当有两名女职员参加时，有 1 种。

所以一共有 $C(1, 2) \times C(1, 3) + 1$ 种。

(3) 特殊位置先排。

例子：

某单位安排五位工作人员在星期一至星期五值班，每人一天且不重复。若甲、乙两人都不能安排星期五值班，则不同的排班方法共有多少种？

解答：

先安排星期五，后其他。共有 $3P(4, 4)$ 种。

(4) 相同元素的分配(如名额等，每个组至少一个)，用隔板法。

例子：

把 12 个小球放到编号不同的 8 个盒子里，每个盒子里至少有一个小球，共有多少种方法？

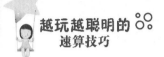

解答：

000000000000，共有 12-1 个空，用 8-1 个隔板插入，一种插板方法对应一种分配方案，共有 $C(7, 11)$ 种，即所求。

注意：

如果小球也有编号，则不能用隔板法。

(5) 相离问题(互不相邻)，用插空法。

例子：

7 人排成一排，甲、乙、丙 3 人互不相邻，有多少种排法？

解答：

|0|0|0|0|，分两步。第一步，排其他 4 个人的位置，4 个 0 代表其他 4 个人的位置，有 $P(4, 4)$ 种。第二步，甲、乙、丙只能分别出现在不同的 | 上，有 $P(3, 5)$ 种，则 $P(4, 4) \times P(3, 5)$ 即所求。

(6) 相邻问题，用捆绑法。

例子：

7 人排成一排，甲、乙、丙 3 人必须相邻，有多少种排法？

解答：

把甲、乙、丙看作一个整体 x。第一步，其他 4 个元素和 x 元素进行排列，有 $P5/5$ 种；第二步，再排 x 元素内部，有 $P3/3$ 种。所以排法是 $P(5, 5) \times P(3, 3)$ 种。

(7) 定序问题。

例子：

有 1, 2, 3, …, 9 九个数字，可组成多少个没有重复数字，且百位数字大于十位数字，十位数字大于个位数字的 5 位数？

解答：

分步。第一步，选前两位，有 $P(2, 9)$ 种可能性。第二步，选后三位。因为后三位只要数字选定，就只有一种排序，选定方式有 $C(3, 7)$ 种。即后三位有 $C(3, 7)$ 种可能性。则答案为 $P(2, 9) \times C(3, 7)$。

(8) 平均分组。

例子：

有 6 本不同的书，分给甲、乙、丙 3 人，每人 2 本。有多少种不同的分法？

解答：

分三步，先从 6 本书中取 2 本给一个人，再从剩下的 4 本中取 2 本给另一个人，剩下的 2 本给最后一人，共 $C(2, 6) \times C(2, 4) \times C(2, 2)$ 种。

40. 一笔画问题

一笔画问题是一个简单的数学游戏，也是一个几何问题。简单地说，如果一个图形可以用笔在纸上连续不断而且不重复地一笔画成，那么这个图形就叫一笔画。

我们常见的一笔画问题，是确定平面上由若干条直线或曲线构成的一个图形能不能一笔画成，使得在每条线段上都不重复。例如汉字"日"和"中"字都可以一笔画的，而汉字"田"和"目"则不能。当然，如果运用一些特殊的方法，比如采用对折纸张的方法，也是可以画出"田"和"目"的一笔画的。这要看题目的具体要求了。

下面列举一个一笔画的例子：

在古希腊的很多建筑上都有一种特殊的符号，如图 2-12 所示，它是由一个圆和若干个三角形组成的。

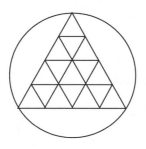

图 2-12

请问，这个图形可以一笔画出，且任何线条都不重复吗？该怎么画？

这就是一个一笔画问题，它可以一笔画出，方法如图 2-13 所示：

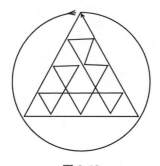

图 2-13

　　早在 18 世纪，瑞士著名数学家欧拉就找到了一笔画的规律。欧拉认为，能一笔画的图形首先必须是连通图，也就是说一个图形各部分总是有边相连的。

　　但是，并不是所有的连通图都可以一笔画的。能否一笔画出是由图中奇偶节点的数目来决定的。

　　数学家欧拉找到一笔画的规律：

　　(1) 凡是由偶点组成的连通图，一定可以一笔画成。画时可以把任一偶点为起点，最后一定能以这个点为终点画完此图。

　　(2) 凡是只有两个奇点的连通图(其余都为偶点)，一定可以一笔画成。画时必须以一个奇点为起点，另一个奇点为终点。

　　(3) 其他情况的图都不能一笔画出(有偶数个奇点除以 2 便可算出此图需几笔画成)。

▶ 七桥问题

　　在哥尼斯堡的一个公园里，有七座桥将普雷格尔河中两个岛及岛与河岸连接起来(见图 2-14)。图中 A、D 是两座小岛，B、C 是河流的两岸。

　　问是否可能从这四块陆地中任意一处出发，恰好通过每座桥一次，再回到起点？

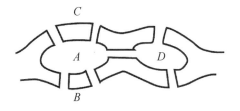

图 2-14

七桥问题

　　七桥问题(Seven Bridges Problem)是一个著名的古典数学问题。欧拉用点表示岛和陆地，两点之间的连线表示连接它们的桥，将河流、小岛和桥简化为一个网络(见图 2-15)，把七桥问题化成判断连通网络能否一笔画的问题。他不仅解决了此问题，且给出了连通网络可一笔画的充要条件：它们是连通的，且奇顶点(通过此点弧的条数是奇数)的个数为 0 或 2。七桥所形成的图形中，没有一点含有偶数条数，因此上述任务无法完成。

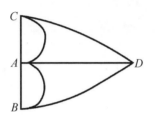

图 2-15

欧拉的这个考虑非常重要，也非常巧妙，表明了数学家处理实际问题的独特之处——把一个实际问题抽象成合适的"数学模型"。这种研究方法就是"数学模型方法"。这并不需要运用多么深奥的理论，但能否想到这一点，却是解决难题的关键。

欧拉通过对七桥问题的研究，不仅圆满地回答了哥尼斯堡居民提出的问题，而且得到并证明了更为广泛的有关一笔画的三个结论，人们通常称之为欧拉定理。对于一个连通图，通常把从某节点出发一笔画成所经过的路线叫作欧拉路。人们又通常把一笔画成回到出发点的欧拉路叫作欧拉回路。具有欧拉回路的图叫作欧拉图。

当欧拉解决了哥尼斯堡七桥问题后，他发现了解决这类问题的普遍规则。秘密是计算到每个交点或节点的路径数目。如果超过两个节点有奇数条路径，那么该图形是无法一笔画出的。

1736 年，欧拉在交给彼得堡科学院的《哥尼斯堡 7 座桥》的论文报告中，阐述了他的解题方法。他的巧解，为后来的数学新分支——拓扑学的建立奠定了基础。

41. 数图形问题

数图形问题，就是在一个稍显复杂的图形中，数出某种图形的个数。这是一类非常有趣的图形问题，也是经典的逻辑思维问题。由于这类题目中，图形相互重叠交叉，经常会千变万化，错综复杂。所以准确地数出其中包含的某种图形的个数，还是有一定难度的。

在数线段、角、三角形、长方形、平行四边形的过程中，当一个图形的组成有一定规律时，可以按规律来计数，如果没有明显的规律就按一定的顺序数(先数单个图形，再数两个单个图形组成的组合图形……)，这样才能做到不重复、不遗漏。

下面列举一个数图形的例子：

如图 2-16 所示，数出图中共有多少个三角形。

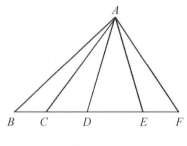

图 2-16

在本题中，要数出三角形的个数可以采取按边分类的方法，也可以采取按基本图形组合的方法来数。

比如说，以 *AB* 为边的三角形有 *ABC*、*ABD*、*ABE*、*ABF*，共 4 个；以 *AC* 为边的三角形有 *ACD*、*ACE*、*ACF*，共 3 个(需要按顺序数，不要算上 *ACB*，那样会导致重复)；以 *AD* 为边的三角形有 *ADE*、*ADF*，共 2 个；以 *AE* 为边的三角形有 *AEF*，共 1 个。所以图中共有三角形 4+3+2+1=10(个)。

如果按照基本图形组合的方法来数，那么把图中单个图形的三角形看作基本图形：由一个基本三角形构成的三角形有 4 个；由两个基本三角形构成的三角形有 3 个；由三个基本三角形构成的三角形有 2 个；由四个基本三角形构成的三角形有 1 个。所以图中共有三角形 4+3+2+1=10(个)。

另外，由于这个题目的特殊，还可以有一种数图形的方法，就是数 *BF* 这条线段中包含有多少条线段。因为每一条线段都恰好对应一个三角形。也可以得出正确的结果。

所以，要想不重复也不遗漏地数出图形的个数，就必须运用逻辑思维，有次序、有条理地数，从中发现规律，以便得到正确的结果。

数图形问题可以培养我们做事认真、仔细、耐心、有条理的好习惯，所以不妨做些相关的练习。

42. 赛制问题

在正规的大型赛事中，我们经常听到淘汰赛或者循环赛的提法，实际上这是两种不同的赛制，选手们需要根据事前确定的赛制规则进行比赛。我们先谈谈两者的概念和区别。

(1) 循环赛。

循环赛就是参加比赛的各队之间，轮流进行比赛，做到队队都会相遇，根据各队胜负的场次积分决定名次。循环赛包括单循环和双循环。

单循环是每个参加比赛的队均能与其他各个队相遇一次，最后按各队在全部比赛中的积分、得失分率排列名次。单循环适用于参赛选手数目不多，而且时间和场地都有保证的情况。

单循环比赛场次的计算公式：单循环赛比赛场次数=参赛选手数×(参赛选手数-1)/2

双循环是所有参加比赛的队均能相遇两次，最后按各队在两个循环的全部比赛中的积分、得失分率排列名次。双循环适用于参赛选手数目少，或者打算创造更多的比赛机会的情况。

双循环比赛场次的计算公式：双循环赛比赛场次数=参赛选手数×(参赛选手数-1)

(2) 淘汰赛。

淘汰赛就是所有参加比赛的队按照预先编排的比赛次序、号码位置，每两队之间进行一次第一轮比赛，胜队再进入下一轮比赛，负队便被淘汰，失去继续参加比赛的资格，能够参加到最后一场比赛的队，胜队为冠军，负队为亚军。淘汰赛常用于需要决出冠(亚)军的场次，以及前三(四)名的场次。

决出冠(亚)军的比赛场次计算的公式：由于最后一场比赛是决冠(亚)军，若是 n 个人参赛，只要淘汰掉 n-1 个人，就可以了，所以比赛场次是 n-1 场，即淘汰出冠(亚)军的比赛场次=参赛选手数-1；决出前三(四)名的比赛场次计算的公式：决出冠亚军之后，还要在前四名剩余的两人中进行季军争夺赛，也就是需要比只决出冠(亚)军再多进行一场比赛，所以比赛场次是 n 场，即淘汰出前三(四)名的比赛场次=参赛选手数。

例子：

学校排球联赛中，有 4 个班级在同一组进行单循环赛，成绩排在最后的一个班级被淘汰。如果排在最后的几个班的负场数相等，则它们之间再进行附加赛。初一(1)班在单循环赛中至少能胜一场，这个班是否可以确保在附加赛之前不被淘汰？是否一定能出线？为什么？请写出解题步骤，并简单说明。

解答：

A、B、C、D 四个班

列个表，如表 2-2 所示，假设 A 的最差情况，Win1　Lose2

表 2-2

	A	B	C	D
Win	1	x	x	x
Lose	2	x	x	x

填写这些 x 位置的数字，须遵守以下规则，每横行之和为 6，每竖列之和为 3。有以下两种情况：

(1) 如表 2-3 所示。

表 2-3

	A	B	C	D
Win	1	3	2	0
Lose	2	0	1	3

(2) 如表 2-4 所示。

表 2-4

	A	B	C	D
Win	1	2	1	2
Lose	2	1	2	1

所以能保证附加赛前不被淘汰，但不能保证出线。

43. 页码问题

页码问题是指在印刷某些页码时需要用到多少个数字 1，多少个数字 2，多少个数字 3……

一般地：

001～099 有 20 个 N(N 表示 1～9 的任何数)

100～199 有 20 个 N(N 不能等于 1)

200～299 有 20 个 N(N 不能等于 2)

……

0000～0999 有 300 个 N (N 表示 1～9 的任何数)

1000～1999 有 300 个 N(N 不能等于 1)

2000～2999 有 300 个 N(N 不能等于 2)

……

00000～09999 有 4000 个 N(N 表示 1～9 的任何数)

10000～19999 有 4000 个 N(N 不能等于 1)

……

100000～199999 有 50000 个 N(N 不能等于 1)

900000～999999 有 50000 个 N(N 不能等于 9)

……

例子：

3000 页码里含有多少个 2？

解答：

1～99 里有 20 个 2，100～199 有 20 个 2。0～999 中，除了 200～299 有 100+20 个 2 以外，每 100 都有 20 个 2，则 0～999 共有 2：120+9×20=300。同理：3000～ 3999 也有 300 个 2。考虑 2000～2999，因为 0～999 含有 300 个 2，这 1000 个数里，每个数其实都多加了 1 个 2，则应该含有 1000+300 个 2。所以共有 1300+300+ 300=1900 个 2。

解答这类问题通常有两个思路：

思路 1：0～999 含 2 为 300 个，1000～1999 含 2 为 300 个；2000～2999 含 2 为 1300 个。则共有 1900 个 2。

思路 2：0～3000 中，百位以下(含百位)含 2 为，3×300=900，千位含 2 为 1000 个。则共有 1900 个 2。

44. 鸡兔同笼问题

鸡兔同笼是中国古代的数学名题之一。大约在 1500 年前，《孙子算经》中就记载了这个有趣的问题。书中是这样叙述的：

今有雉兔同笼，上有三十五头，下有九十四足，问雉兔各几何？

这四句话的意思是：

有若干只鸡兔同在一个笼子里，从上面数，有 35 个头，从下面数，有 94 只脚。问笼中各有多少只鸡和兔？

本题可以列方程。假设鸡有 x 只，则兔子有 $35-x$ 只。

根据题意，可得：

$2x+(35-x)×4=94$

解得：$x=23$

所以鸡有 23 只，兔子有 35-23=12 只。

另外还有其他一些简便算法。

基本思路：

(1) 假设，即假设某种现象存在(甲和乙一样或者乙和甲一样)。

(2) 假设后，发生了和题目条件不同的差，找出这个差是多少。

(3) 每个事物造成的差是固定的，从而找出出现这个差的原因。

(4) 再根据这两个差作适当的调整，消去出现的差。

基本公式：

(1) 把所有鸡假设成兔子：鸡数=(兔脚数×总头数-总脚数)÷(兔脚数-鸡脚数)

(2) 把所有兔子假设成鸡：兔数=(总脚数-鸡脚数×总头数)÷(兔脚数-鸡脚数)

关键问题：找出总量的差与单位量的差。

解释：假设把 35 只全看作鸡，每只鸡有 2 只脚，一共应该有 70 只脚。比已知的总脚数 94 只少了 24 只，少的原因是把每只兔的脚少算了 2 只。看看 24 只里面少算了多少个 2 只，便可求出兔的只数，进而求出鸡的只数。

还有人是这样计算的：假设这些动物全都受过训练，一声哨响，每只动物都抬起一条腿，再一声哨响，又分别抬起一条腿，这时鸡全部坐在了地上，而兔子还用两条后腿站立着。此时，脚的数量为 94-35×2=24，所以兔子有 24/2=12 只，则鸡有 35-12=23 只。

除此之外，我国古代有人也想出了一些特殊的解答方法。

假设一声令下，笼子里的鸡都表演"金鸡独立"，兔子都表演"双腿拱月"。那么鸡和兔着地的脚数就是总脚数的一半，而头数仍是 35。这时鸡着地的脚数与头数相等，每只兔着地的脚数比头数多 1，那么鸡兔着地的脚数与总头数的差就等于兔的头数。

我国古代名著《孙子算经》对这种解法就有记载："上署头，下置足。半其足，以头除足，以足除头，即得。"

具体解法：兔的只数是 94÷2-35=12(只)，鸡的只数是 35-12=23(只)。

45. 兔子繁殖问题

在 700 多年前，意大利著名数学家斐波那契在他的《算盘全集》一书中提出了这样一道有趣的兔子繁殖问题。

如果有一对小兔，每一个月都生下一对小兔，而所生下的每一对小兔在出生后的第三个月也都生下一对小兔。那么，由一对兔子开始，满一年时一共可以繁殖成多少对兔子？

解答：

本题如果用列举的方法可以很快找出答案：

第 1 个月，这对兔子生了一对小兔，于是共有 2 对(1+1=2)兔子。

第 2 个月，第一对兔子又生了一对兔子。因此共有 3 对(1+2=3)兔子。

到第 3 个月，第一对兔子又生了一对小兔而在第一个月出生的小兔也生下了一对小兔。所以，这个月共有 5 对(2+3=5)兔子。

到第 4 个月，第一对兔子以及第 1、第 2 两个月生下的兔子也都各生下了一对小兔。因此，这个月连原先的 5 对兔子共有 8 对(3+5=8)兔子。

……

如表 2-5 所示。

表 2-5

月份	1	2	3	4	5	6	7	8	9	10	11	12
兔子总对数	2	3	5	8	13	21	34	55	89	144	233	377

也就是说，由一对兔子开始，满一年时一共可繁殖成 377 对小兔。

特别值得指出的是，数学家斐波那契没有满足于这个问题有了答案。他进一步对各个月的兔子对数进行了仔细观察，从中发现了一个十分有趣的规律，就是后面一个月份的兔子总对数，恰好等于前面两个月份兔子总对数的和，如果再把原来兔子的对数重复写一次，于是就得到了下面这样一串数：

1, 1, 2, 3, 5, 8, 13, 21, 34, 55, 89, 144, 233, 377, …

后来人们为了纪念这位数学家，就把上面这样的一串数称作斐波那契数列，把这个数列中的每一项数称作斐波那契数。

斐波那契数具有许多重要的数学知识，用途广泛。它引起了数学界的普遍关注，为了促进对它的研究，在美国还专门出版了一本名叫斐波那契季刊》的杂志，登载对这个数列的研究成果和最新发现。

46. 牛吃草问题

牛吃草问题，又叫牛顿问题，因由牛顿提出而得名。英国著名物理学家牛顿曾编过这样一道题：牧场上有一片青草，每天都生长得一样快。这片青草供给 10 头牛吃，可以吃 22 天，或者供给 16 头牛吃，可以吃 10 天，其间草一直生长。如果这些草供给 25 头牛吃，可以吃多少天？

牛吃草问题的难点在于草每天都在不断地生长，草的数量在不断变化。解答这类题目的关键是想办法从变化中找出不变量：我们可以把总草量看成两部分的和，即原有的草量加新长的草量。显而易见，原有的草量是一定的，新长的草量虽然在变，但生长的速度是不变的，也就是每天新长的草的数量是不变的。

所以解题环节主要有四步：

(1) 求出每天长草量；

(2) 求出牧场原有草量；

(3) 求出每天实际消耗原有草量(牛吃的草量−生长的草量=消耗原有的草量)；

(4) 最后求出牛可吃的天数。

假设一头牛一天的吃草量为 1 个单位，并假设 25 头牛 N 天能够将草吃完。

我们可以看到，第一种情况的草的总量为 $10×22$，第二种情况的草的总量为 $16×10$，第三种情况的草的总量为 $25×N$。

假设原有草量为 Y，草每天的生长量为 X，得到如下方程组：

$Y=10×22−22X$

$Y=16×10−10X$

$Y=25×N−NX$

解此方程组，可得：$X=5$，$Y=110$，$N=5.5$

所以 25 头牛用五天半的时间就能吃完这些草。

另一解法：

设牧场原有草量为 y，每天新增加的牧草可供 x 头牛食用，25 头牛 N 天能够将草吃完，根据题目条件，我们列出方程式：

$y=(10−x)×22$

$y=(16−x)×10$

$y=(25−x)×N$

解方程组，可得 $x=5$，$y=110$，$N=5.5$

所以，牛吃草问题的核心公式：原有草量=(牛数−单位时间长草量可供应的牛的数量)×天数

此外，假设每头牛每天吃草的速度为 1，根据两次不同的吃法，可以求出其中的总草量的差；然后再找出造成这种差异的原因，即可确定草的生长速度和总草量。

基本公式：

(1) 草的生长速度= (对应的牛头数×吃的较多天数−相应的牛头数×吃的较少天数)÷(吃的较多天数−吃的较少天数)；

(2) 原有草量=牛头数×吃的天数−草的生长速度×吃的天数；`

(3) 吃的天数=原有草量÷(牛头数−草的生长速度)；

(4) 牛头数=原有草量÷吃的天数+草的生长速度。

47. 帽子问题

帽子问题，又称帽子颜色问题，是比较经典又非常有趣的逻辑问题之一。

一个经典的问题原型如下：

有 3 顶红帽子和 2 顶白帽子。现在将其中 3 顶给排成一列纵队的 3 个人，每人戴上 1 顶，每个人都只能看到自己前面的人的帽子，而看不到自己和自己后面的人的帽子。同时，3 个人也不知道剩下的 2 顶帽子的颜色(但他们都知道他们 3 人的帽子是从 3 顶红帽子、2 顶白帽子中取出的)。

先问站在最后边的人："你知道你戴的帽子是什么颜色吗？"最后边的人回答："不知道。"接着又让中间的人说出自己戴的帽子的颜色。中间的人虽然听到了后边的人的回答，但仍然说不出自己戴的是什么颜色的帽子。

听了他们两人的回答后，最前面的人没等问，便答出了自己帽子的颜色。

你知道为什么吗？他的帽子又是什么颜色的呢？

答案是这样的，首先我们假设从前到后的 3 个人分别为甲、乙、丙，丙看了甲、乙戴的帽子说不知道，说明甲、乙戴的并不都是白帽子。因为只有 2 顶白帽子，如果甲乙都戴的白帽子，丙一定知道自己戴的是红帽子。同理，乙又说不知道，说明甲戴的不是白帽子。因为乙也能从丙的回答中判断出自己和甲戴的不都是白帽子。如果甲戴的是白帽子的话，那么他肯定知道自己戴的是红帽子了。如此一来，甲肯定戴的是红帽子了。因此，甲就知道了，自己戴的是红帽子。

类似猜帽子颜色的问题还有很多，都是由此变形扩展而来的。此类问题可以很好地锻炼我们的逻辑思维能力，尤其是对信息的汇集与整理，这在我们的思维过程中非常重要。此类问题的解题关键在于要弄明白别人是如何想这个问题的，他回答"不知道"能推导出哪些结论……当然，这类题目的前提是参加游戏的每个人都是足够聪明的。

这个问题我们可以推广成如下形式：

"有若干种颜色的帽子，每种若干顶。假设有若干个人从前到后站成一排，给他们每个人头上戴一顶帽子。每个人都看不见自己戴的帽子的颜色，而且每个人都看得见在他前面所有人头上帽子的颜色，却看不见在他自己和他后面任何人头上帽子的颜色。现在从最后那个人开始，问他是不是知道自己戴的帽子颜色，如果他回答说不知道，就继续问他前面那个人。一直往前问，那么一定有一个人知道自己所戴的帽子颜色。"

当然，要想题目有解，还要满足一些特定的条件：

(1) 帽子的总数一定要大于人数，否则帽子不够戴。当然，数字也要设置得合理，帽子比人数多得太多，或者队伍里只有一个人，那他是不可能说出帽子颜色的。

(2) 有多少种颜色的帽子？每种多少顶？有多少人？这些信息是队列中所有人都事先知道的，而且所有人都知道所有人都知道此事……也就是说，这些信息在这些人当中是公共知识。

(3) 剩下的没有戴在大家头上的帽子都被藏起来了，队伍里的人谁都不知道剩下些什么颜色的帽子。

(4) 他们的视力都很好，能看到前方任意远的地方，也不存在被谁挡住的问题。而且所有人都不是色盲，可以清楚地分辨颜色。

(5) 不能作弊，后面的人不能和前面的人说悄悄话或者打暗号。

(6) 他们每个人都足够聪明，逻辑推理能力都是极好的。只要理论上根据逻辑可以推导得出来结论，他们就一定能够推导出来。相反，如果他们推不出自己头上帽子的颜色，只会诚实地回答"不知道"，绝不会乱说，或者试图去猜。

举一个通用点的例子：假设现在有 n 顶黑帽子，$n-1$ 顶白帽子，n 个人($n>0$)。

排好队伍戴好帽子之后，问排在队伍最后面的人，他头上帽子是什么颜色的？在什么情况下他会回答"知道"？很显然，当他前面的所有人($n-1$ 人)都戴着白帽子的时候。因为 $n-1$ 顶白帽子用完了，自己只能是黑帽子了。只要前面有至少一个人戴着黑帽子，他就无法知道自己头上帽子的颜色。

现在假设最后一个人回答"不知道"，那么我们开始问倒数第二个人。根据最后一个人的回答，倒数第二个人同样可以推理出上面的结论，即包括自己在内的前面所有人至少有一个人戴着黑帽子。如果他看到前面的人戴的都是白帽子，那么很显然，自己戴的必定是黑帽子。如果他看到前面仍然至少有一个人戴着黑帽子，那么他的回答必定还是"不知道"。

这个推理过程可以一直持续下去。当某一个人(除了最前面的一个)看到前面所有人都戴着白帽子时，他的回答就应该是"知道"了。如果到了第二个人依然回答不知道，那么说明第二个人看到的还是一顶黑帽子，此时最前面的人就可以知道自己戴的帽子的颜色了。

除了最后一个人，其余每个人的推理都是建立在他后面那些人的推理上的。当我们断定某种颜色的帽子一定在队列中出现，而所有我身后的人都回答不知道，即我身后的所有人都看见了这种颜色的帽子，但我却见不到这种颜色的帽子时，那么一定是我戴着这种颜色的帽子。这就是帽子颜色问题的关键！

48. 猜数游戏

猜数游戏，又称猜数字游戏，是曾经风靡一时的经典益智游戏。

猜数字游戏介绍：

(1) 游戏开始，计算机会随机产生一个数字不重复的四位数。

(2) 你将自己猜的四个数字填在答案框内提交。

(3) 计算机会将你提交的数与它产生的数进行比较，结果用"*A*B"的形式表示。A 代表位置正确数字也正确，B 代表数字正确但位置不正确。比如说："$1A2B$"表示你猜的数字中有 1 个数字的位置正确且数值也正确，另外，你还猜对了 2 个数字，但位置不对。

(4) 如果你能在 10 次尝试之内，把所有数字的数值和位置全部猜对，即结果为"$4A0B$"，则游戏成功。

下面列举一个实例：

比如说，计算机随机产生的数字是 9154。当然，我们不会知道。我们能够做的就是一次次尝试。

第一次，我们没有任何提示，为了方便，按照数字顺序猜数即可，比如我们选择 1234。结果系统会提示我们 $1A1B$，即 1234 四个数中有两个数字是选中数字，且有一个位置也对了。

第二次，我们重新选择四个数字 5678，系统返回的结果是 $0A1B$。也就是说 5678 中有一个数字是选中数字，但位置不对。同时我们还可以得出一个结论，数字 9 和 0 里有且只有一个是选中数字。

第三次，我们选择 0987，系统返回的结果为 $0A1B$。因为我们知道，0 和 9 中有一个是选中数字，同时 8 和 7 交换位置来推断位置的正确性。这时可以排除 7 和 8 是选中数字，而且 5 和 6 中有且只有一个选中数字。

第四次，我们选择数字 7560，系统返回结果为 0A1B。因为此时不确定因素太多，所以我们把已经确定不是选中数字的 7 加入进来是为了减少确定数字的难度。同时，记得变换 5 和 6 的位置。此时，我们可以确定数字 0 不是选中数字，而 9 是选中数字，同时也排除了一些数字不可能在的位置。

第五次，我们选择数字 5634，系统返回结果为 1A1B。我们前面知道，5 和 6 中有一个选中数字，但位置不对，这就说明 3 和 4 中有一个选中数字，且位置是对的。

第六次，我们选择数字 9634，系统返回结果为 2A0B。前面我们知道 9 是选中数字，换了它之后，正确数字没有增加，说明替换掉的 5 是选中数字，而且 9 的位置也是正确的。

第七次，我们选择数字 9254，系统返回结果为 3A0B。首位是 9 毫无疑问，然后加入上一步确认的数字 5，因为前面已经确认 5 不在第 1 位和第 2 位，所以本次放在第 3 位来确认位置，4 的位置不变。如果放在第 2 位的数字 2 是选中数字，那返回结果必定会至少出现一个 B。从而得出 2 不是选中数字，1 才是。

第八次，确定了四个数字分别是 9154，从而得到正确答案。

当然，猜数字游戏的步骤不是唯一的，如果你足够聪明，可能会用更少的次数就可以猜出正确答案。我们在测试不同数字的时候会返回不同的结果，下一步用什么策略也是根据不同的结果决定，没有一定之规。但是在猜数字的过程中，一些重要的技巧却是常用的。比如将数字分组，先确认每组中选中数字的个数，比如在换位置的时候范围不要太广，否则变数太大，比如用明知不是选中数字或者明知是选中数字的数字来减少选择，从而快速地确认正确的数字和位置，比如经常变换数字的位置和顺序来判断位置的正确性等。

49. 称重问题

称重问题，又叫称球问题，也是非常经典又有趣的逻辑问题之一。

这个经典问题的原型如下：

一个钢球厂生产钢球，其中一批货物中出现了一点差错，使得 8 个球中，有一个略微重一些。找出这个重球的唯一方法是将两个球放在天平上对比。请问最少要称多少次才能找出这个较重的球？

答案是 2 次。

首先，把 8 个球分成 3、3、2 三组，把一组的 3 个球和另一组的 3 个球分别放在天平的两端。如果天平平衡，那么把剩下的两个球放在天平上，天平向哪边倾斜，那个球就是略重的；如果天平偏向一方，就把重的那一方的 3 个球中的两个放在天平上，这时如果天平倾斜，重的就是重的球，不倾斜，剩下的那个球就是要找的。

称重问题还有很多扩展形式，比如增加球的数量，或者不告诉坏球比正常球是轻还是重等。我们发现如果球的数量增加至 9～13 个，且不确定坏球的轻重，那么我们只称两次是不可能保证找到坏球的。球的数量越多，相应需要的次数就越多，复杂程度就越高。

当然，如果有超过 2 个球，我们知道坏球是"独一无二"的那一个，就总能找出来；但是如果只有 2 个球，一个好球一个坏球，都是"独一无二"的，那我们是无论如何也不可能知道哪个是好的、哪个是坏的。

前面，我们讨论的是如何把一个坏球从一堆球中用最少的次数找出来的方法，下面我们换一个角度：如果我们不需要找出那个坏球，只想知道坏球是比标准球轻还是重，怎样用最少的称法解决这个问题呢？

比如说，有 $N(N \geq 3)$ 个外表相同的球，其中有一个坏球，它的重量和标准球有轻微的(但是可以测量出来的)差别。现在有一架没有砝码的、很灵敏的天平，问最少需要称几次才可以知道坏球比标准球重还是轻？

当 $N=3$ 时，我们将球编为 1～3 号。先把 1 号、2 号球放在天平两端，如果平衡的话，那么 3 号是坏球，接下来只要用标准的 1 号球或 2 号球来和它比较就知道它是轻是重了；如果不平衡，比如说 1 号球比 2 号球重，那么 3 号球就是标准的，比较 1 号和 3 号球：如果它们一样重，那么 2 号球是坏球，而且它比较轻，相反如果 1 号球比 3 号球重，那么坏球 1 号球就比较重。

当 $N \geq 4$ 时会怎么样呢？结果很出人意料——无论多少个球，都只需要称 2 次即可。

方法也很简单，对于一个 ≥ 4 的自然数，我们总是可以表示成 $4k+i$ 的形式，其中 k 和 i 都是正整数，且 $k \geq 1$，$0 \leq i \leq 3$。这样我们就可以把 N 个球分成 5 堆：前 4 堆球的个数相同，都是 k，第五堆有 i 个球。

第一次称球，将第 1、第 2 堆放在天平左端，第 3、第 4 堆放在天平右端，如果平衡的话，说明这 4 堆中的球都是好球，而坏球在第 5 堆里。这时随便从前四堆里拿出 i 个球和第 5 堆的 i 个球比较一下即可。

如果第 1、第 2 堆和第 3、第 4 堆不平衡，比如说第 1、第 2 堆这端比较重，那么我们将第 1、第 2 堆分别放在天平两端进行第二次称量。这次如果天平平衡，那么坏球就在第 3、第 4 堆内。因为第一次称量时，第 3、第 4 堆是比较轻的，所以坏球比较轻；如果天平不平衡，说明坏球在第1、第2堆内。因为第一次称量时，第1、第2堆是比较重的，所以坏球比较重。

巧辨坏球

有12个球和1个天平，现知道只有1个球和其他的重量不同，但并不知道这个球比其他的球轻还是重，问怎样称才能称3次就找到那个球。

答案：

将12个球编号为1～12。称量方法及结果如表2-6所示。

表2-6

| 第一次 | | 结果 | 第二次 | | 结果 | 第三次 | | 结果 | 结论 |
左	右		左	右		左	右		
1、2、3、4	5、6、7、8	右重	1、6、7、8	5、9、10、11	右重	1	2	右重	1轻
								平衡	5重
					平衡	2	3	右重	2轻
								平衡	4轻
								左重	3轻
					左重	6	7	右重	7重
								平衡	8重
								左重	9重
1、2、3、4	5、6、7、8	平衡	1、2、3	9、10、11	右重	9	10	右重	10重
								平衡	11重
								左重	9重
					平衡	1	12	右重	12重
								左重	12轻
					左重	9	10	右重	9轻
								平衡	11轻
								左重	10轻
		左重	1、6、7、8	5、9、10、11	右重	6	7	右重	6轻
								平衡	8轻
								左重	7轻
					平衡	2	3	右重	3重
								平衡	4重
								左重	2重
					左重	1	2	平衡	5轻
								左重	1重

50. 分金问题

　　分金问题，又叫海盗分金，是一个经典的经济学模型，也是一个非常经典的逻辑题目，主要体现的是博弈思想。博弈，说得通俗一些就是策略，是指在一件事情中的一个"自始至终、通盘筹划"的可行性方案。

　　海盗分金的经典原型如下：

　　五个海盗抢到了 100 颗宝石，每一颗宝石都一样大小和价值连城。他们决定这么分：抽签决定自己的号码(1、2、3、4、5)，然后由 1 号提出分配方案让大家表决，当且仅当半数或者超过半数的人同意时，按照他的方案进行分配，否则他将被扔进大海喂鲨鱼。如果 1 号死了，就由 2 号提出分配方案，然后剩下的 4 人进行表决，当且仅当半数或者超过半数的人同意时，按照他的方案进行分配，否则将被扔入大海喂鲨鱼。以此类推。每个海盗都是很聪明的人，都能很理智地判断，从而做出选择。那么第一个海盗提出怎样的分配方案才能使自己的收益最大化？

　　分析所有这类策略游戏的奥妙就在于应当从结尾出发倒推回去。游戏结束时，你容易知道何种决策有利而何种决策不利。确定了这一点后，你就可以把它用到倒数第 2 次决策上，以此类推。如果从游戏的开头出发进行分析，那是走不了多远的。其原因在于，所有的战略决策都是要确定："如果我这样做，那么下一个人会怎样做？"

　　因此在你以下的海盗所做的决定对你来说是重要的，而在你之前的海盗所做的决定并不重要，因为你已对这些决定无能为力了。

　　记住了这一点，就可以知道我们的出发点应当是游戏进行到只剩两名海盗——4 号和 5 号的时候。这时 4 号的最佳分配方案是一目了然的：100 块金子全归他一人所有，5 号海盗什么也得不到。由于 4 号自己肯定为这个方案投赞成票，这样就占了总数的 50%，因此方案获得通过。

　　现在加上 3 号海盗。5 号海盗知道，如果 3 号的方案被否决，那么最后将只剩 2 个海盗，自己肯定一无所获——此外，3 号也明白 5 号了解这一形势。因此，只要 3 号的分配方案给 5 号一点甜头使他不至于空手而归，那么不论 3 号提出什么样的分配方案，5 号都将投赞成票。因此 3 号需要分出尽可能少的一点金子来贿赂 5 号海盗，这样就有了下面的分配方案：3 号海盗分得 99 块金子，4 号海盗一无所获，5 号海盗得 1 块金子。

　　2 号海盗的策略也差不多。他需要有 50% 的支持票，因此同 3 号一样也需再找一人做同党。他可以给同党的最低贿赂是 1 块金子，他可以用这块金子来收买 4 号海盗。因为如果自己被否决而 3 号得以通过，则 4 号将一文不名。因此，2 号的分配方案：99 块金子归自己，3 号一块也得不到，4 号得 1 块金子，5 号也是一块也得不到。

1 号海盗的策略稍有不同。他需要收买另两名海盗，因此至少得用 2 块金子来贿赂，才能使自己的方案得到采纳。他的分配方案：98 块金子归自己，1 块金子给 3 号，1 块金子给 5 号。

"海盗分金"其实是一个高度简化和抽象的模型，任何"分配者"想让自己的方案获得通过的关键是事先考虑清楚"挑战者"的分配方案是什么，并用最小的代价获取最大收益，拉拢"挑战者"分配方案中最不得意的人们。

在现实生活中，我们每一个人都无法避免处在错综复杂的利害关系和多种矛盾的冲突中，人们为了获得某种结局，往往会制定出一系列制胜策略：即分析对方可能采取的计划，有针对性地制订出自己的克敌计划，这就是所谓的"知己知彼，百战不殆"的道理，哪一方的策略更胜一筹，哪一方就会取得最终的胜利。

51. 过河问题

过河问题，也叫过桥问题，是一个非常古老且流传甚广的经典逻辑问题。

一个经典问题原型如下：

一个人带着一匹狼、一只羊和一捆草过河，可是河上没有桥，只有一艘小船。由于船太小，一次只能带过去一样。可是当他不在场的时候，狼会咬羊，羊会吃草。如何做才能使羊不被狼吃，草不被羊吃，而全部渡过小河呢？

答案是这样的：首先人带着羊过河，然后放下羊空手返回，带着狼过河，接着把羊带回去，带草过河，最后返回接羊。这样就可以全部安全过河了。

过河问题还有许多其他形式，所带的物品也各不相同，但相同的是每次携带的数量有限，而且他不在的时候，留在同一岸边的物品间会存在不相容的关系。如何在满足条件的基础上顺利过河就成了我们处理这类问题的关键。

一般来说，这些携带的物品当中，都会有个中间过渡的物品，只要把这个过渡物品经常随身携带，就可以最大限度减少不相容的情况发生。

这类问题对锻炼我们的协调调度能力以及生活中的时间和工作安排等方面都有比较大的启发和指导作用，不要轻视。

下面我们再看几个类似的问题。

走独木桥

一个人带着一只狗、一只猫和一筐鱼过独木桥，由于狗和猫不敢过，他得抱着它们过去。为了自身的安全，一次只能带一样东西过桥。但是当人不在的时候，狗会咬猫、猫会吃鱼。请问这个人要怎样做才能把三样东西都带过河？

过河

两个女儿，两个儿子，一个爸爸，一个妈妈，一个警察，一个罪犯。他们要过一条河，河上只有一条小船，小船每次只能乘坐两个人，其中只有爸爸、妈妈和警察会划船。

而且当妈妈不在的时候，爸爸会打女儿；爸爸不在的时候，妈妈会打儿子；而罪犯只要警察不在谁都会打。

问：他们要怎样才能安全过河？

狼、牛齐过河

前提：在河的任何一岸，只要狼的个数超过牛的个数，那么牛就会被狼杀死吃掉；而狼的个数等于或者少于牛的个数，则没事。现在有三只狼和三头牛要过河，只有一艘船，一次只能两个动物搭船过河，如何才能让所有动物都安全过河？

解析：

走独木桥

人先抱着猫过河，然后人回来把狗带过去，回来的时候把猫带回来，放在这岸，然后把鱼带过去，最后再回来带猫。这样就可以安全过河了。

过河

警察与罪犯先过，警察回；

警察与儿子 1 过，警察与罪犯回；

爸爸与儿子 2 过，爸爸回；

爸爸与妈妈过，妈妈回；

警察与罪犯过，爸爸回；

爸爸与妈妈过，妈妈回；

妈妈与女儿 1 过，警察与罪犯回；

警察与女儿 2 过，警察回；

警察与罪犯过，成功！

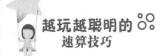

狼、牛齐过河

两只狼过，一只狼回；

两只狼过，一只狼回；

两头牛过，一狼一牛回；

两头牛过，一只狼回；

最后剩下的都是狼了，可以随便过了。

52. 说谎问题

说谎问题，又叫真话假话问题，假定人分为两类，一类永远说真话，一类永远说假话，根据两种人说的话来判断谁是哪类人。当然，有的时候为了增加问题的难度，会加入时而说假话时而说真话的人。

下面是一个比较经典的说谎问题：

一个岔路口分别通向天堂和地狱。路口站着两个人，已知一个来自天堂，另一个来自地狱，但是不知道谁来自天堂，谁来自地狱。只知道来自天堂的人永远说实话，来自地狱的人永远说谎话。现在你要去天堂，但不知道应该走哪条路，需要问这两个人。只许问一句，应该怎么问？

答案是这样的：随便问一个人："如果我问另一个人这样的问题：'去天堂应该走哪条路？'他会指给我哪条路？"然后根据他的答案走相反的那条路就可以到达了。或者指着其中的一条路问其中的一个："你认为另外一个人会说这是通往天堂的路吗？"由于他们的回答必须糅合自己的和另外一个人的观点，所以，他们的答案是一样的，并且都是错误的。如果你指的正好是去天堂的路，那么他们都会回答"不是"；如果是去地狱的路，他们都会回答"是"。

当然，还有类似的其他问法。

为了更好地理解这个问题，我们首先要知道什么是说谎。

大学快要毕业的时候，我在外面四处投简历求职。有家公司的销售部门给了我一个面试机会。面试的时候他们向我提了很多问题，其中有一个是："你反感偶尔撒一点谎吗？"

天地良心，我当时明明是反感的，尤其是反感那些为了销售业绩而把产品瞎吹一气的推销员。可是转念一想，如果我照实回答"反感"的话，这份工作肯定就吹了。所以我撒了个谎，说了声："不。"

面试完后，在回学校的路上，我回想面试时的表现，忽然这么问了自己一句：我对当时回答面试官的那句谎话反感吗？我的回答是"不反感"。咦，既然我对那句谎话并不反感，说明我不是对一切谎话都反感，因此这么看来，面试时我回答的"不"并不是谎话，而是真话了！

从逻辑上讲，我当时说的是真话，因为如果说我的回答是假话的话就会引起矛盾。但在当时，我确实觉得自己的回答是在撒谎。

从那次面试经历我们可以引申出一个问题：一个人可能不知道自己在撒谎吗？我说是不可能的。我认为，所谓"撒谎"并不是指一个人说的话不符合事实，而是指说话的人相信自己说的话是假的。即使你说的话符合事实，但只要你自己相信那是假的，我也会说你是在撒谎。

心理学里有这样一个例子可以很好地说明撒谎的含义。一个精神病院的医生们有心要放一个精神分裂症患者出院，决定替他做一次测谎器检查。医生问精神病人："你是超人吗？"病人回答："不是。"结果测谎仪嘟嘟嘟响了起来，表示病人在撒谎。

53. 计时问题

计时问题，又叫燃绳计时问题，是通过燃烧若干根有固定燃烧时间的不均匀绳子来计算时间的问题。这种问题主要考查我们在面对常规方法无法解决的问题时，该怎样变换思路，找出问题的实质，从而运用创新的方法解决问题。

计时问题的经典形式如下：

一根粗细不均匀的绳子，把它的一端点燃，烧完正好需要 1 小时。现在你需要在不看表的情况下，仅借助这根绳子和火柴测量出半小时的时间。

你可能认为这很容易，只要将绳子对折，在绳子最中间的位置做个标记，然后测量出这根绳子燃烧到标记处所用的时间就行了。但不幸的是，这根绳子并不是均匀的，有些地方比较粗，有些地方却很细，因此这根绳子在不同地方的燃烧时间是不同的。细的地方也许烧了一半才用 10 分钟，而粗的地方烧了一半却需要 50 分钟。

那么我们该怎么做的？

其实很简单，我们就需要利用创新的方法来解决这个问题了，即从绳子的两头同时点火。这样绳子燃烧完所用的时间一定是 30 分钟。

计时问题的扩展形式也有很多，比如确定 15 分钟、45 分钟、1 个小时 15 分钟等。其实仔细观察题目，你会发现，这个问题的实质竟然是很早以前我们就学过的距离、速度、时间问题。

假设绳子的两个端点分别为 A 和 B，从 A 点走到 B 点所需的时间是 1 个小时。

现在有两个人，同时从 A 点和 B 点开始向中间走，经过时间 t 后在它们之间的某个点 O 处相遇。

你会发现它竟然和我们非常熟悉的两辆不同速度的车相向行驶的关于 s、v、t 之间的问题非常相似！

看清楚了这个问题的实质，再遇到类似的问题，我们只要把它变换成相向行驶的问题即可很快找出答案了。

54. 取水问题

取水问题，是一个经典而有趣的逻辑题。

取水问题的经典形式如下：

假设有一个池塘，里面有无穷多的水。现在有 2 个没有刻度的空水壶，容积分别为 5 升和 6 升。

请问，如何用这两个空水壶从池塘里准确地取得 3 升水。

事实上，要解决这种问题，只需把两个水壶中的一个从池塘里取满水，倒到另一个壶里，重复这一过程，当第二个壶满了的时候，把其中的水倒回池塘，反复几次，就能得到答案了。具体到本题，方法如下：

5 升壶取满水，倒入 6 升壶中；5 升壶再取满水，把 6 升壶灌满，这时 5 升壶中还有 4 升水，6 升壶满；把 6 升壶中的水倒光；5 升壶中的 4 升水倒入 6 升壶中；5 升壶取满水，把 6 升壶倒满；此时，5 升壶里剩下的水正好为 3 升。

取水问题还有一些更复杂的扩展变形形式，比如取水的壶不止 2 个，例如有 3 个壶，分别是 6 升、10 升和 45 升，现在要取 31 升水。

这样一来就不能用上面的循环倒水法了。那么我们该如何在亲自倒水之前就知道靠这些壶是否一定能倒出若干升水来呢？

简单地说，这类题就是用给定的 3 个数字，如何进行加减运算可以得出要取的数字来。

就这个例子来说，我们知道，10+10+10+10+6-45+10+10+10=31。那么，根据这个式子就可以写出取水的过程了：

首先用 10 升的壶取满水，倒入 45 升的壶中，连续取 4 次，这样 45 升的壶中有水 40 升；用 6 升的壶取满水，把 45 升的壶倒满，此时 6 升的壶中余 1 升水；把 45 升的壶里的水倒空；用 10 升的壶取满水，倒入 45 升的壶中，连续取 3 次，这样 45 升壶中有水 30 升；把 6 升的壶里的 1 升水倒入 45 升的壶中，即可得到想要的

31 升水。

当然，我们可以发现，要想用这 3 个数字得到 31 方法绝对不止这一种，也就是说取水的过程也并非唯一的。大家可以用其他的方法试试看。

55. 火柴游戏

火柴，生活中再常见不过的工具，除了用来生火，还可以用来做什么？当然是做游戏了！人们常用它来摆图形、算式，做出许多有趣的游戏。用火柴可以摆成汉字，如"日"字，同时也是数字"8"。除此之外还可以摆出各种各样的几何图形。

火柴游戏大体分为两种：一种是摆图形和变换图形；另一种是变换算式。下面是一个经典的火柴游戏：

请看如图 2-17 所示的两个图形，分别是一条鱼和一头小猪。请问如何移动最少的火柴，让鱼往反方向游，让猪往反方向走？

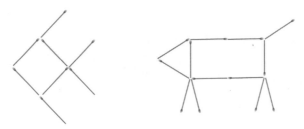

图 2-17

鱼：需要移动 3 根；猪：需要移动 2 根。方法如图 2-18 所示：

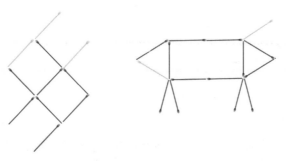

图 2-18

另外，最常见的火柴游戏还有用火柴摆成一个数字等式，通过移动火柴使得等式成立。这就要我们注意 0 到 9 这 10 个数字都是如何摆成的，它们之间有什么联系。比如，摆好了 5，怎么可以变成数字 6。

火柴游戏不受场地和时间的限制，只要有几根火柴(或几根长短一样的细小木棍)就可以进行。火柴游戏寓知识、技巧于游戏之中，启迪你的智慧，开阔你的思路，丰富你的业余生活。

56. 纸牌游戏

纸牌又叫扑克牌，是一种非常常见且古老的休闲游戏。这种游戏方式，因为其制作和携带都非常方便，是一种老少咸宜的娱乐方式。早在楚汉相争时期，韩信为了缓解远征士兵的思乡之愁，发明了一种木牌游戏，据说就是扑克牌的雏形。后来，这种游戏形式通过丝绸之路传入西亚，并在13世纪流入欧洲，最终演化成现在的扑克牌。

扑克牌在世界上迅速流行起来，玩法也各式各样。

下面列举一个简单的纸片游戏：

1个庄家对战5个闲家，庄家手里只剩一张Q了，5个闲家的顺序和牌分别如下：

甲：3、4、K；

乙：J、J；

丙：3、4、Q；

丁：9、9；

戊：10、10、Q。

规则是K最大，3最小，可出单张或对子，由甲先出牌，然后乙、丙、丁、戊、庄家、甲这样的顺序轮流下去。一家出完所有牌之后，如果没人管得上，则他下一家可以出牌。

请问5个闲家能否把手里的牌全部出完而获胜？

闲家的出牌方法和顺序如下，即可获胜：

甲：4；

丙：Q；

甲：K；

甲：3；

丙：4；

丁：9；

戊：Q；

戊：10、10；

乙：J、J；

丙：3；

丁：9。

我们知道，常见的纸牌大部分为数码牌，中国的玩法通常是高点数胜低点数，或以特殊组合牌型取胜，此二原则仍为两大牌戏派别中论计胜负的标准。传说印度有棋盘式圆牌戏纯以技巧较胜负，但史籍未予详载；而波斯有所谓"阿斯那斯"(AsNas)玩法，被认为是现代牌戏发展的一个里程碑。

我们这里的纸牌游戏，都是把现实中的扑克牌放到书面上，在文字中运用想象力和逻辑思维来解决问题。当然，如果你想更加形象一些，可以拿出一副牌来亲自操作，也别有一番滋味。

57. 棋盘游戏

棋盘游戏，是指在一个 $n×n$ 的方格内，或者黑白相间的国际象棋的棋盘中，一些黑色或白色的棋子按照一定的规律，通过排列、移动、连线等方式，锻炼我们分析和解决问题能力的一类逻辑益智题目。

下面列举一个经典的棋盘游戏：

我们知道，在国际象棋中，"骑士"这个棋子的走法很奇特，只能往前后左右移动一格后，再往斜方向移动一格(见图 2-19)。

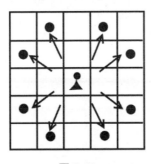

图 2-19

那么，你能用"骑士"在一个 8×8 的国际象棋棋盘上，将每一格都恰好走过，不许重复，也不遗漏，然后再回到出发点吗？该怎么走呢？

这道题非常难！除了图 2-20 给出的答案外还有许多走法，即便你没有回到原点，只要走遍了所有格子，也可以算正确！大家可以亲身实践一下。

图 2-20

国际象棋的棋盘在我们的生活中非常常见，这就给棋盘游戏带来了很大的可操作性。即便你身边没有国际象棋的棋盘，你也可以在一张白纸上画出 $n \times n$ 的方格来进行游戏，不受任何影响。

大多数棋盘游戏都可以按照国际象棋或者围棋的走法和规则进行游戏，有些还做了适当的调整和改编，使得游戏更加复杂和有趣。它们对锻炼我们的想象力、记忆力、思考力等逻辑思维能力大有益处，我们不妨在没事的时候多多练习一下。

58. 分割问题

分割问题，就是我们常见的一些别具特色的几何作图问题。通过图形的分割与拼合，满足题目的不同要求。这类问题趣味性强，想象空间广阔，而且一般都很巧妙，不需要很复杂的计算。但是却需要我们具有牢固的几何知识以及较强的分析问题、探索问题的能力。经常练习，对提高我们的思维能力是大有裨益的。

下面列举一个分割问题的经典题目：

请把如图 2-21 所示的图形(任意三角形)分成面积相等的 4 等份。

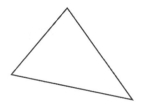

图 2-21

答案如图 2-22 所示：连接三边的中点即可。

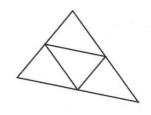

图 2-22

对于这种分割问题，往往我们在看到问题的时候一头雾水，不好下手，而在看到答案时则恍然大悟。其实，过程比结果更重要，我们一定要学会思考和解决问题的方法。

对于平分图形的问题，一般我们有以下技巧：

如果是实物，可以利用重心原理。把物体吊起来，平衡时画出重心所在的一条垂直线，即可把物体质量平分。

如果是纸上的图形，一般有以下几种常用的方法：

(1) 利用平行的等底同高的性质进行等积变换。

(2) 利用全等图形进行等积变换。

(3) 利用对称性进行图形变形。

(4) 如果图形不规则，那么先要将其分割成规则图形再进行变形。

经常做这些练习，就是为了培养数学思维，数学思维包括数学观念、数学意识、数学头脑、数学素养，准确地说是指推理意识、抽象意识、整体意识和化归意识。而培养良好的逻辑思维和严谨的推理是学好几何的关键。

对一个问题认识得越深刻，解法就越简洁。所以我们在遇到类似的问题时，尽可能地设计出最简单、最巧妙的优质分割方案。这样，图形的创造和图形的美就会在对几何分割问题的不断探究和认识的不断深化中产生。

59. 连线问题

连线问题，是在给出的一些点上，按照特定的游戏规则，画出若干条直线，使其满足题目的要求。它也是一类非常经典的逻辑训练题。

最著名的连线问题当然要数九点连线了，具体如下：

如图 2-23 所示，在平面上，有三行三列 9 个点排列如下：

图 2-23

请问，如何用 4 条连续不断的直线把这 9 个点连起来？

答案如图 2-24 所示：

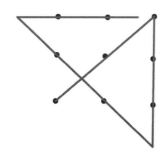

图 2-24

在 9 点连线问题中，我们的直觉是直线不能延伸到由 9 个点构成的大方格之外。但是没有人说这是一条规则，只是我们唯一的限制就是我们脑海中的限制。所以，我们要打破限制，寻求最佳的解决方法。

这个经典的逻辑问题蕴含了一个深刻的寓意，那就是创造性思维——通常意味着要在格子外思考。

如果你将自己的思维局限在 9 个点之内，那么这个问题就将成为不可能完成的任务。

创新也是如此，创造力不仅仅是灵机一动的结果，也不仅仅是各种奇思妙想，它还意味着把我们的思维从阻止它发散开去的束缚下解脱出来。我们不能局限于像 9 点所构成的格子那样的陈规，绝不能让已有的知识成为创新的阻碍。

参 考 文 献

[1] [英]瓦利·纳瑟. 风靡全球的心算法：印度式数学速算[M]. 北京：中国传媒大学出版社，
     2010.

[2] 王擎天. 越玩越聪明的印度数学[M]. 北京：中国纺织出版社，2009.

[3] [美]亚瑟·本杰明. 生活中的魔法数学：世界上最简单的心算法[M]. 北京：中国传媒大学
     出版社，2009.

[4] 史丰收.算术革命：能一口报出答案的史丰收速算法[M]. 香港：三联书店(香港)有限公司，
     2007.

[5] 李永新. 中公版·2017 国家公务员录用考试专业教材[M]. 北京：人民日报出版社，2016.